"AI+冰山理论"
赋能高职院校大数据与会计专业
金课建设研究

程华安　杨　智　陈　蓓◎著

湖南大学出版社

·长沙·

图书在版编目（CIP）数据

"AI+冰山理论"赋能高职院校大数据与会计专业金
课建设研究／程华安，杨智，陈蓓著. -- 长沙：湖南
大学出版社，2025.5. -- ISBN 978-7-5667-4122-6

Ⅰ. TP274；F230

中国国家版本馆 CIP 数据核字第 2025AC4925 号

"AI+冰山理论"赋能高职院校大数据与会计专业金课建设研究

"AI+BINGSHAN LILUN" FUNENG GAOZHI YUANXIAO DASHUJU
YU KUAIJI ZHUANYE JINKE JIANSHE YANJIU

著　　者：程华安　杨　智　陈　蓓
责任编辑：谌鹏飞
印　　装：长沙创峰印务有限公司
开　　本：710 mm×1000 mm　1/16
印　　张：13.75
字　　数：200 千字
版　　次：2025 年 5 月第 1 版
印　　次：2025 年 5 月第 1 次印刷
书　　号：ISBN 978-7-5667-4122-6
定　　价：56.00 元

出 版 人：李文邦
出版发行：湖南大学出版社
社　　址：湖南·长沙·岳麓山
邮　　编：410082
电　　话：0731-88822559（营销部），88821691（编辑室），88821006（出版部）
传　　真：0731-88822264（总编室）
网　　址：http://press.hnu.edu.cn
电子邮箱：presschenpf@qq.com

目　次

第一章　绪　论

一、研究背景与动因

（一）数字化时代会计行业的变革与挑战

在当今数字化浪潮下，人工智能（Artificial Intelligence，简称AI）与大数据技术正以一种前所未有的迅猛态势重塑着各行各业的面貌，而在高等职业教育的会计教育领域，这一变革尤为显著。这种重塑不仅仅局限于技术层面的简单引入，更深层次地触及了教育理念的根本性革新、课程体系的重新构建以及人才培养模式的全方位转型。在此背景下，"AI+冰山理论"指导下的金课模式应运而生，成为这一转型过程中的一个标志性产物。冰山理论精妙地指出，教育的表象之下蕴含着复杂且深远的结构与意蕴，这一理论对于揭示教育教学活动中显性与隐性因素的交织关系具有独到的启示意义。探究AI与大数据如何重新塑造高职院校大数据与会计专业的教学模式，不仅彰显了教育工作者对新兴科技趋势的敏锐捕捉与深刻理解，同时也映射出社会对具备高素养会计专业人才的强烈渴求。

大数据与AI的蓬勃发展对传统会计行业的各个环节带来了颠覆性的影响。在会计核算层面，传统的手工记账与数据处理流程正逐步被自动化工具所替代，AI算法凭借其强大的数据处理能力，能够迅速且精准地分析海量数据，为财务数据的处理提供了更为高效、可靠的解决方案。同时，AI 技术的应用开启了会计审计工作的新纪元。借助机器学习与数据挖掘技术，审计师能够实现对企业财务状况的实时监控与深度分析，有效识别潜在风险，显著提升了审计工作的效率与准确性。此外，在财务管理领域，数据分析能力已成为会计职能转型升级的关键要素。会计职能不再局限于对历史数据的简单记录与报告，而是更多地承担起为管理层提供决策支持的重任，助力其作出更加科学合理的战略决策。通过大数据的深度挖掘与分析，会计专业人员能够精准捕捉市场动向、用户偏好以及企业内部运营中的瓶颈问题，从而为企业的战略规划与未来发展提供有力的数据支撑与策略建议。鉴于此，高职院校的会计专业教育亟须紧跟时代步伐，更新教育理念，优化课程设置，以更好地适应行业发展的新需求。

具体而言，课程内容应进一步强化大数据分析与 AI 技术的应用，设置专门化的课程模块，着重培养学生的数据处理与分析能力。在教育领域内，针对学生的能力培养，我们应着重教授他们如何运用数据分析软件、机器学习平台及当代先进技术，旨在使他们未来在财务数据处理方面能独当一面，应对复杂挑战。此外，通过融入案例分析与实践项目，提升学生对大数据与 AI 在实际职场中应用的认知与操作能力。同时，教师的专业成长与技术更新亦不容忽视。高职院校应强化师资培训，确保教师能够紧跟技术前沿，洞悉大数据与 AI 在会计领域的实践应用，从而更有效地引领学生的学习进程。

在教学策略上，教师需将理论知识与实际操作紧密结合，通过真实案例分析，促进学生在理论与实践之间搭建桥梁，全面提升其综合素养与实践技能。进一步地，校企合作作为推动高职院校会计专业转型升级的关键路径，其重要性不言而喻。通过与企业的深度合作，院校能够敏锐捕捉行业动态，灵活调整教学内容，确保人才培养与市场需求精准对接。同时，合作企业提供的实习岗位，使学生得以在真实工作场景中积累经验，增强就业竞争力。此外，企业的参与不仅为教学提供了丰富的实际案例，丰富了教学资源库，还通过参与课程开发、举办专业论坛等形式，助力学生深刻领悟大数据与 AI 在会计职能中的革新应用。

在此背景下，"AI+冰山理论"的引入，正逐步塑造高职院校大数据与会计专业的课程模式。通过课程体系的革新、教师能力的提升及校企合作的深化，学院致力于培养既拥有坚实会计基础，又擅长运用大数据与 AI 技术进行深度分析与战略决策的复合型人才。这一转型不仅标志着教育模式的创新，更是对会计行业未来趋势的主动适应与积极回应——实现从传统会计操作向数据驱动决策的转变，培养符合新时代要求的会计精英，以满足社会对高端会计人才日益增长的需求。

（二）高职教育高质量发展与金课建设需求

在当代社会背景之下，科技的日新月异与市场对专业技能人才的渴求持续攀升，促使国家对职业教育的重视程度显著提升，特别是在高等职业院校中，推动金课建设的政策导向愈发鲜明。所谓金课，是指在教学内涵、教学策略及教学成效上展现出典范性和导向性的卓越课程，其概念的引入不仅标志着对传统教学模式的深刻反思，也预示着教育品质的全面革新与重塑。在此背景下，鉴于大数据与会计专业的独特性，推进金课建设不仅显得极为迫切，而且承载着深远的实践价值。伴随国家政策导向的持续强化，教育部门对高职院校的期望与要求亦随之提升，特别是在培育具备高素质及专业技能的人才方面。作为职业教育体系的关键一环，高职院校的人才培养质量直接关联着社会各行业的进步与发展水平。因此，提升教育质量、增强学生的职场竞争力，已成为高职院校亟须解决的核心议题。大数据与会计专业的融合，为金课建设开辟了新的发展空间，同时也带来了新的挑战。

当前，大数据技术的飞速发展正深刻变革着会计行业的面貌，从传统的账务处理和财务报告编制，逐步转型为以数据分析为主导的决策支持体系。会计从业人员不仅要具备坚实的会计理论基础，还需掌握数据处理与分析技能，能够熟练应用现代信息技术进行财务决策支持。对这一转变趋势，高职院校会计教育亟须通过金课建设加以应对。通过打造大数据与会计专业相结合的金课，不仅能够助力学生适应现代会计职业的变革需求，还能显著提升其在就业市场中的核心竞争力。课程内容的迭代升级与教学方式的创新，使学生在校期间即可接触到与行业前沿接轨的知识体系与技能培训。在推进金课建设的具体实践中，首要任务是明确课程设计，既要涵盖传统会计知识的精髓，又要融入大数据分析、财务管理及决策支持等新兴领域的内容，以实现课程体系的全面优化与升级。针对大数据与会计专业，建议其增设"财务数据分析与决策"课程，旨在传授学生利用先进数据分析工具执行财务预估与风险估量的技巧，进而增强学生的数据敏感度及解析技能。此外，教学方式的革新同样占据核心地位。依托大数据与人工智能技术，实施项目驱动教学、案例分析、反转课堂等多元化教学模式，能够有效激发学生的求知热情，并锻炼其综合应用能力。同时，强化团队协作学习，培育学生的职场沟通与合作素养，这对他们未来的职业生涯具有深远的正面效应。

金课构建需与地方经济成长及行业需求紧密对接，深化校企合作机制。通过与企业的深度合作，教育机构能实时把握行业动态与趋势，灵活调整课程体系，确保所培养的人才贴合市场需求。企业可为课程提供鲜活的实践案例，丰富教学内容，同时为学生提供实习与就业平台，让他们在真实工作场景中积累经验，提升职场适应力与竞争力。校企合作模式不仅能有效提升学生的就业率，亦能帮学校培养急需的高素质会计人才，达成双赢。

在"AI+冰山理论"的赋能框架下，高职院校大数据与会计专业的金课建设，是在国家政策引领下，以提升人才培养质量、增强学生就业竞争力为核心的系统性工程。这不仅是时代发展的必然趋势，也是高职院校自我发展的内在驱动力。面对未来的挑战，唯有持续创新、紧跟时代步伐，方能在激烈的市场竞争中立足，为学生的职业生涯铺设更宽广的道路。这样的金课建设，既是对传统教育理念的超越，也是对未来职业人才培养模式的探索，其终极目标是实现教育质量的全面提升，培育兼具深厚专业知识与时代发展适应力的复合型人才，这是高职院校不可推卸的责任与使命。

（三）AI 与冰山理论对大数据与会计专业课程建设的启示

在当前信息技术飞速发展的背景下，AI 与教育理念的深度融合，为高职院校大数据与会计专业的课程建设开辟了全新的视角并提供了实践路径。通过将 AI 与冰山理论相结合，教育者能够更有效地优化课程教学手段、丰富教学资源，并实施精准的教学评价，从而为学生的全面发展提供更具针对性和实效性的指导。AI 技术的应用潜力不仅局限于提升传统教学效率，更在于创造一种更为灵活、智能且个性化的学习环境，以此激发学生的积极参与和自主学习。与此同时，冰山理论从学生的内在素质和潜力出发，为课程建设提供了更为深刻的指导。该理论强调，在知识传授的表层之下，隐藏着丰富的情感、价值观和社会技能等隐性因素，这对于培养全面发展的会计人才具有至关重要的意义。首先，AI 技术在优化课程教学手段方面展现出巨大潜力。借助大数据分析与机器学习技术，教育工作者能够实时监测学生的学习状态和进展，从而灵活调整教学策略。例如，利用 AI 辅助的教学平台，教师可以深入分析学生在不同学习环节的表现，了解他们的知识掌握情况和学习习惯，进而为每位学生量身定制个性化的学习计划。这种精准化的教学策略不仅显著提升了教学的针对性，还有助于减少学生在学习过程中的困惑与挫折感，进一步激发他们的学习兴趣和主动性。其次，AI 技术的引入极大地丰富了教学资源。在大数据与会计专业的课程建设中，教师不仅可以利用 AI 技术对课程内容进行更新与优化，还能够整合来自多个领域的丰富教育资源。具体而言，通过 AI 算法和大数据分析，教育者能够迅速获取与会计相关的最新数据、研究成果及行业动态等信息，从而确保教学内容的时效性和前沿性。

综上所述，AI 技术与冰山理论的结合为高职院校大数据与会计专业的课程建设带来了革命性的变化，不仅提升了教学效率，还促进了学生的全面发展。在将先进资源融入课程内容的过程中，我们实现了显著的教学效果提升。具体而言，这种资源的整合策略，不仅让学生有机会接触到更具前瞻性和实用性的知识体系，还极大地增强了他们对所学内容的实际应用能力。此外，通过利用 AI 技术生成的模拟案例与情景模拟，我们能够为学生提供一个贴近真实工作环境的平台，帮助他们深入理解会计理论与实际操作之间的紧密联系。

在精准教学评价领域，AI 技术同样展现出了不可替代的重要作用。相较于传统教学评价方式——主要依赖于考试和作业等静态评估手段，难以全面、真实地反映学生的能力水平——AI 技术使教师能够实施动态的、实时的评价机制。通过对学习数据的全面分析，教师能够细致监测学生的学习过程，不仅准确识别出学生的学习强项，还能及时发现其潜在的学习短板，并据此采取针对性的辅导措施。这种基于数据的评价方式，不仅显著提升了教学效果，还使学生的学习状况更加透明化，教师的教学决策也因此变得更加科学合理。结合 AI 技术与冰山理论，高职院校大数据与会计专业的课程建设不仅着眼于知识的传授，更强调全面素质的培养与个性化发展。通过灵活运用 AI 技术，教育者能够精准把握学生的学习需求，设计出更加符合市场需求、更具前瞻性的课程体系。

综上所述，通过资源整合、精准教学评价以及冰山理论的指导，高职院校大数据与会计专业的课程建设得以不断优化，为学生提供了更加丰富、多元的学习体验和发展空间。培养既掌握扎实专业知识，又具备全面综合素质的高素质会计人才，是当前课程建设的重要目标。此模式旨在助力学生在未来的职业生涯中，能够更加自信地应对各种挑战，并展现出更强的适应能力和竞争力。这一课程建设模式不仅关注学生的专业知识积累，更重视其综合能力的培养，从而确保学生在面对未来职场挑战时，能够有更加出色的表现与更强的竞争力。

二、研究目的与意义

（一）构建创新型课程体系

随着科学技术的飞速进步，特别是 AI 与大数据技术的广泛应用，传统教育范式与课程体系正遭遇前所未有的变革浪潮与崭新机遇。在此背景下，高等职业院校亟须构建一套创新型的课程体系，以匹配新时代对人才的多元化需求。在大数据与会计专业的课程规划上，采纳"AI+冰山理论"的核心思维，不仅是对课程内容与教学方法的一次革新探索，也是对人才培育宗旨的深刻反思与重构。

通过深度融合 AI 技术与会计专业精髓，我们旨在打造一个既前沿又实用的课程架构，为学生提供更为结构化且全面的学习路径，进而培育出能灵活应对市场瞬息万变的高素质专业人才。构建此类创新型课程体系的基石，在于将 AI 知识与会计专业核心内容的有机整合。此整合并非单纯的知识堆砌，而是深入挖掘两者间内在联系并实现深度融合的过程。AI 在会计领域的运用，已从基础的账务处理、报表编制等任务，逐步迈向数据分析、风险评估及智能决策支持等高级功能。因此，课程设计需紧密贴合这一发展趋势，着重培育学生在数据分析、财务预测、机器学习等领域的综合能力。具体而言，可通过设置诸如"智能财务管理""数据分析与实践应用""会计审计领域的 AI 技术"等模块化课程,使学生在掌握传统会计理论的同时,逐步提升运用 AI 工具进行财务分析与决策的技能。此外,课程应嵌入丰富的案例分析与实践操作环节,让学生在真实情景中运用所学知识,从而增强其解决复杂财务问题的能力。同时,创新型课程体系的构建还需兼顾教学内容的前沿性与实用性。鉴于当前市场环境的快速变迁,学生所学知识的时效性与实用性直接关乎其就业竞争力。因此,课程设计者需紧密关注行业动态,及时将最新的行业标准、前沿技术及市场需求融入教学内容。例如,通过不断更新课程内容,确保学生能够接触到最前沿的会计技术与 AI 应用实例,从而为其未来的职业生涯奠定坚实基础。

为了深化学生的行业认知与实践能力,可邀请业界精英举办专题讲座、专题研讨会或实施实践导向的项目。此举旨在让学生亲身体验行业的实际运作与工作流程。同时,利用在线教育的广阔平台,教师可以为学生精心挑选并呈现多元化的学习资源,涵盖前沿研究文献、行业深度报告及丰富的在线课程,以此拓宽学生的知识视野,并激发他们的学习自主性与积极性。此类前沿性的课程设计策略,将显著增强学生的知识理解与应用转化能力,为其未来职业生涯的顺利发展奠定坚实基础。

在课程效果评估与教学反馈环节,创新型课程体系亦需融合 AI 技术的优势,精准分析与评估,即时捕捉学生在学习进程中的具体表现与反馈,据此实施灵活且个性化的教学调整。通过构建数据驱动的评估体系,教师可以对学生在各类学习活动中的参与度、理解力及技能掌握状况进行持续监测。这一机制不仅能助力教师优化教学策略,还能促使学生在学习过程中自我审视,及时发现并弥补知识短板。依托 AI 技术的智能化评估体系,能够为学生提供更为公正、全面的学习成效评价,确保其在学习过程中获得精准、有益的反馈,从而更有效地推动个人成长与发展。

此外,冰山理论为创新型课程体系的构建提供了富有洞察力的理论指导。该理论指出，学生的深层素质往往潜藏于显性知识之下，因此，课程设计需着眼于学生的全面发展，而非仅仅局限于专业知识的传授。在创新型课程体系中，除了专注于会计专业知识的深入教授与 AI 技术的有效应用，还应着重培养学生的综合素质，如沟通能力、团队协作能力以及职业道德素养等。通过引入项目式学习、小组讨论、角色扮演等多种形式的课堂活动，激励学生在实践中锤炼这些隐性素质，使其在未来的职场竞争中展现出更强的适应力与综合素养。

这样的课程设计策略，不仅能够有效提升学生的专业能力，更为其个人长远发展铺设了稳固的基石。构建旨在培育兼具创新思维与实践技能的综合型人才体系，是当前教育的重要任务。该体系围绕"AI+冰山理论"的核心理念，聚焦于高等职业院校大数据与会计专业创新型课程结构的构建，力图将人工智能的前沿知识与会计专业的核心知识体系深度融合，从而塑造出符合新时代人才市场需求的教育框架。此体系不仅致力于专业理论知识的系统传授，更将教学重点置于内容的前沿探索与实践应用价值之上，全面强化学生的综合素养与实践操作能力。通过与各高等学府的深度合作，体系积极吸纳行业最新动态，并运用人工智能技术进行精确的教学成效评估。同时，深入挖掘并培育学生的潜在素质与能力，教育者得以为学生铺设一条明确且成效显著的成长轨迹。如此，学生们在未来的职业道路上，无论遭遇何种复杂挑战，都将能够凭借出色的专业素养与应对能力，展现出非凡的职业风采与竞争力。

（二）培养复合型会计人才

为了培养能够适应变革及市场需求的复合型会计人才，高职院校亟须创新教育理念和培养模式。其中，"AI+冰山理论"的双重赋能，为大数据与会计专业的教学改革提供了全新视角和有效路径。通过深度融合 AI 技术的前沿性与冰山理论的深刻内涵，教育者不仅能够有效提升学生的专业技能，还能全面培养其隐性素养，包括职业判断、创新思维及沟通协作等能力，从而增强学生在复杂多变会计工作环境中的适应能力和发展潜力。

在具体实施过程中，AI 技术的引入为专业技能培养注入了新动力。AI 能够高效分析和处理大量数据，使学生更深入地理解会计知识的实际应用。借助 AI 驱动的学习平台，学生能够接触到丰富的案例分析与模拟训练，有助于在真实工作场景中锻炼相关技能。例如，利用 AI 技术进行财务预测和分析，学生可学习运用数据模型和智能算法进行决策支持，这既提升了技术能力，也使他们在处理复杂财务数据时更加得心应手。此外，通过 AI 算法分析学生学习数据，教师可实时监测学习进度和理解程度，进而提供个性化指导，帮助学生更快掌握专业技能。然而，仅掌握专业知识和技能并不足以满足现代会计从业者需求。会计工作常需在复杂环境中进行判断和决策，要求从业者具备较高的隐性素养。冰山理论指出，个人能力不仅体现在可见的知识与技能层面，更在于其背后的价值观、情绪管理和人际交往能力等。因此，在课程设计中，教育者需注重隐性素养的培养，并将其融入教学活动。通过项目式学习和团队合作，学生在参与真实会计项目时，可锻炼沟通协作和职业判断能力。教育者还可采用案例讨论、角色扮演等方式，进一步培养学生的隐性素养。

通过将 AI 技术与冰山理论相结合，不仅能够显著提升学生的专业技能与隐性素养，还能有效增强他们在复杂多变的会计工作环境中的适应能力。当前，现代会计工作正面临着来自多方面的严峻挑战，包括政策法规的频繁变化、财务数据的急剧增加以及技术手段的持续革新等。在此背景下，具备高度适应能力的会计人才显得尤为重要。通过将 AI 与冰山理论进行深度融合，教育者能够培养出既具备批判性思维，又拥有灵活应变能力和创新意识的复合型人才。这类人才在面对变化时，能够迅速做出反应，找到适宜的解决方案，并在团队中发挥骨干作用。

在此过程中，高职院校应与企业开展积极的合作，构建校企联合培养的模式。通过实习、项目合作等多种形式，学生能够将课堂所学知识与企业实际工作紧密结合，从而加深对市场和行业的理解。在实践中，学生不仅能够吸收企业的先进经验，还能在实际工作中锻炼自己的职业素养和沟通能力，为未来的职业生涯奠定坚实基础。企业在参与人才培养的过程中，应积极为学校提供最新的行业动态与技能需求信息，以协助教育者及时调整课程设置，使之更加贴近市场需求。同时，学校还应建立一个持续的评估与反馈机制，以确保学生在专业能力与隐性素养方面实现平衡发展。通过定期的自我评估和同行评审，学生能够及时获得来自教师和同伴的反馈，进而全面了解自己在各方面的表现。这种持续的反馈机制有助于促进学生在实践中的反思与提升，使他们更加清晰地认识到自己的优势与不足，从而制定出更加合理的发展目标。

在"AI+冰山理论"的双重赋能下，高职院校应积极探索大数据与会计专业的复合型人才培养模式。通过整合 AI 技术与会计专业核心知识，并注重专业技能与隐性素养的协同发展，高职院校将能够为社会培养出更多具备综合素质的会计人才。教育者能够全面提升学生的适应能力与发展潜能。这一创新的课程体系及培养模式具备双重功效：一方面，它将有效助力学生在未来的职场竞争中脱颖而出；另一方面，它将为行业持续输送高素质、复合型的会计人才。在全球竞争日益加剧的背景下，此举将有力促进国家经济综合竞争力的增强。

（三）推动高职教育教学改革

通过"AI+冰山理论"的双重赋能，高职院校能够显著推动教育教学改革，为大数据与会计专业的课程建设提供坚实的理论支撑及切实可行的实践范例。此改革举措不仅有助于更新教育理念、创新教学方法，还能实现教学资源的优化配置，进而大幅提升高职教育的整体教学水平，使所培养的人才更能适应时代发展的需求，为经济社会发展提供有力支撑。

首先，"AI+冰山理论"的结合为教育者带来了全新的教学理念。AI技术的引入，使教育工作者能够充分利用数据分析和智能算法，解决传统教育中存在的问题，如教学内容与市场需求不匹配、教学方法单一、学生参与度低等。冰山理论的应用则鼓励教育者关注学生的隐性素养，包括价值观、情感管理和人际沟通能力等。在这一新理念的指导下，高职院校能够更全面地看待学生的成长，通过调整课程设置与教学方式，不仅注重专业知识的传授，还更加重视学生在职场中的适应能力与竞争力的培养。其次，在教学方法创新方面，AI技术为高职教育提供了丰富的可能性。教育者可以借助AI技术开发智能化学习管理系统，使学生能够根据自身的学习进度和理解能力，选择适合自己的学习路径。这种个性化的学习体验，不仅提升了学生的学习兴趣，还显著提高了他们的学习效果。同时，AI技术还应用于虚拟实习和模拟业务场景，使学生能够在虚拟环境中进行实践，积累宝贵的实战经验。这种教学方法的创新，使高职院校的课程更加生动、富有吸引力，有助于激发学生的学习潜力。

与此同时，冰山理论在高职院校的教学改革中起到了重要的指导作用。通过强调隐性素养的培养，教育者能够设计出更为丰富的课程和活动，从而更好地促进学生的全面发展。鼓励学生在真实的工作环境中锻炼其沟通能力、团队合作精神及职业判断能力。具体而言，通过实施小组项目、案例研究和角色扮演等多样化的教学活动，学生能够亲身实践，学会处理复杂的会计问题，并在此过程中锻炼批判性思维与创新意识。此方法不仅提升了学生的实践能力，还增强了他们面对未来职场挑战、应对复杂局面的能力。

在高职院校教育教学改革进程中，校企合作同样占据重要地位。与企业的紧密合作，不仅使高职院校能够迅速获取行业动态和用人需求，还为学生提供了更多的实践锻炼机会。产业界的积极参与，不仅丰富了教学内容，还有效提升了学生的职业素养。例如，学校可引入企业真实项目案例，让学生在实践中学习，从而培养其实践能力和职业道德。这种深度融合的教学模式，显著提升了学生的就业竞争力，为其未来的职业生涯奠定了坚实基础。"AI+冰山理论"，为高职院校大数据与会计专业的教学改革提供了坚实的理论支撑与实践指导。该模式促进了教育理念的更新，通过智能化的学习管理和个性化的课程设计，实现了教学的多样化与个性化。同时，在注重隐性素养培养的过程中，教育者能够培育出既拥有扎实专业知识，又具备良好综合素质的复合型人才。

三、国内外研究现状

（一）AI 在大数据与会计专业教育中的应用研究

将 AI 与冰山理论相融合的模式，为课程规划与实施开辟了新的视野，同时也为促进学生综合素养的全面发展注入了新的活力。在此背景下，深入探究人工智能在大数据与会计专业教育领域的应用，系统梳理并分析国内外在 AI 辅助会计教学工具研发、智能化教学系统构建以及 AI 课程与会计专业教育融合等方面的研究成果与实践范例，具有深远的现实意义。

首先，AI 辅助会计教学工具的研发已取得了一系列显著成就。众多国内外高等职业院校及研究机构正积极尝试并实践将 AI 技术融入教育工具中。举例来说，通过运用机器学习算法，教育工作者能够研发出智能评估系统，该系统能够实时监测并分析学生在学习进程中的表现，从而助力教师适时调整教学策略。在此过程中，AI 技术凭借其强大的数据处理能力，通过数据挖掘技术揭示学生的学习趋势与偏好，并据此为学生提供定制化的学习指导。这种以学生为中心的个性化教育模式，不仅有效激发了学生的学习兴趣，还显著提升了他们的学习效果。

然而，尽管 AI 辅助会计教学工具在提升教育质量方面展现出巨大潜力，但其应用仍面临诸多限制。AI 技术的实施离不开庞大的数据支撑，而在一些规模较小的高职院校中，往往难以获取如此规模的数据集。当前，许多 AI 工具的开发、运用仍处于初级阶段，存在智能化程度不足、功能不够完善等问题，这可能在实际应用中导致效果不尽如人意。此外，教师与学生对 AI 技术的认知程度和接纳程度也是影响其在教学应用中有效性的重要因素。部分教师可能对 AI 技术了解不足，导致在使用过程中不够熟练，进而对教学效果产生负面影响。

其次，智能教学系统在大数据与会计专业教育中的应用也日益受到重视。众多高职院校正着手探索构建基于 AI 的智能教学系统，以期提升教育的效率与质量。这类系统通常具备课程规划、学习进度跟踪等功能，在线评估功能的引入，为学生营造了一个既灵活又互动性强的学习氛围。具体而言，某些先进的智能教学平台，凭借自然语言处理技术的支撑，能够实现对话式教学模式，精准地将学生的疑问转化为个性化的学习资源推荐，从而使学生在学习过程中获得即时的反馈与指导。这些系统还具备强大的数据收集与分析能力，能够为教师提供翔实的学习数据支持，进而助力教师精准把握学生的学习动态，以便做出更具针对性的教学策略调整。

尽管智能教学系统在推动个性化教育方面展现出了卓越的能力，但其发展与应用亦非毫无挑战。其一，构建并维护一个高效能的智能教学系统需要巨大的技术投资与持续的维护成本，这对于资金条件相对有限的高职院校而言，无疑是一项沉重的负担。其二，智能教学系统的成功实施，离不开教师与技术开发者之间的紧密协作，但在实践中，两者之间的配合往往难以达到理想状态，这无疑影响了系统的实际应用效果，使其教育潜力难以充分发挥。其三，教师的引导与协调能力对于智能教学系统效能的发挥也至关重要，若教师未能充分利用系统的各项功能，则可能导致教学效果出现显著差异。

在会计专业教育中，AI 课程的融入同样被视为提升教学质量的关键举措。通过将 AI 课程与会计专业课程深度融合，学生不仅能够深入了解并掌握 AI 技术在会计领域的具体应用，如会计机器人（RPA）、数据分析、财务预测模型等前沿技术，还能逐步建立起数据驱动的思维方式。这种课程体系的设置，不仅强化了学生的专业技能，还激发了他们的创新思维与应变能力，为其在未来的职业生涯中应对复杂多变的工作环境与市场挑战奠定了坚实的基础。然而，AI 课程在会计专业教育中的融入亦非一帆风顺。部分教育机构在课程设置时，由于对 AI 技术的认知不足，导致课程内容编排缺乏合理性，难以满足学生的实际需求。同时，教师在 AI 领域的专业知识与教学能力也呈现出较大的差异，这直接制约了课程的教学质量。因此，为了推动 AI 课程在会计专业教育中的有效融入，我们需要采取更加积极的措施，以提升教育机构的 AI 技术水平与教师的教学能力，从而确保 AI 课程能够充分发挥其应有的教育价值。教育工作者必须持续提升个人的专业能力，紧跟人工智能技术的最新进展，旨在向学生传授更为精确且前沿的知识体系。

通过系统梳理国内外关于人工智能辅助会计教学工具研发、智能化教学系统搭建以及将 AI 课程融入会计教育领域的理论研究成果与实践应用案例，我们不难发现，人工智能技术在提升高等职业教育质量方面展现出了广泛的应用场景与深远的影响力。然而，在这一进程中，亦涌现出诸多挑战与局限性，诸如数据资源的稀缺、师生间认知差异的存在以及课程设计合理性的考量等。因此，在推进高等职业院校大数据与会计专业教育教学改革的过程中，我们必须深刻洞察这些挑战，并采取针对性强、实效性高的策略予以应对，以保障人工智能技术能够更有效地服务于教育教学实践，充分挖掘其在培育具备综合素养的复合型人才方面的巨大潜能。

（二）基于冰山理论的会计人才培养研究

在当前经济环境迅速演变的背景下，特别是在大数据技术与会计学深度融合的领域，会计行业对专业人才的需求标准正持续攀升，既要求具备深厚的专业知识根基，又强调拥有全面的职业素养和良好的道德操守。鉴于此，如何高效地培育出符合这些标准的会计人才，已成为高职院校教育改革亟待解决的核心议题。引入"AI+冰山理论"驱动的金课模式，成功地将前沿技术与深刻的教育理念相融合，为会计人才的培养路径提供了创新视角。冰山理论深刻揭示，个体能力的直观展现（即显性知识层面）仅是能力结构的表层，而真正驱动职业成就与长远发展的，是潜藏于表面之下的隐性素养与职业道德。因此，围绕冰山理论展开的会计职业道德与职业素养培育模式的探索，不仅对于提升学生的综合素养具有显著作用，更是推动高职教育教学改革深入发展的关键一环。

国内外关于冰山理论在会计人才培养中应用的研究已广泛证实，该理论所强调的隐性素养对于职业发展的重要性获得了普遍认同。在会计行业中，单纯的显性知识，诸如会计准则的掌握、财务报表的编制等，虽然是从业基础，但难以单独应对复杂多变的实际工作环境。相反，职业道德、沟通技巧、团队协作能力、情绪智力等隐性素养，往往成为决定会计从业者工作实效的关键因素。故而，在课程设计环节，高职院校应将冰山理论作为核心指导原则，确保课程内容既涵盖专业技能的传授，也不忽视对学生职业道德与职业素养的培育。

在实践层面，众多国内外高职院校已着手探索基于冰山理论的会计人才培养模式，旨在全面提升学生的综合素养。部分院校通过开设专门的职业道德教育课程，着重阐述会计职业的法律责任与伦理规范，利用案例分析帮助学生理解会计职业中的道德挑战与法律风险，提升其面对道德困境时的判断与决策能力。此外，还尝试采用情景模拟、角色扮演等多元化教学手段，让学生在模拟的工作场景中锻炼沟通、合作与问题解决技巧，从而更有效地提升其综合职业能力。

为了进一步提升个体的职业素养，冰山理论在职业素养培育领域的运用亦体现在跨学科的课程架构设计上。众多高等职业院校已开始尝试将心理学、管理学、沟通学等非会计专业课程与会计专业课程相融合，通过多元化的培训途径，全方位增强学生的综合能力。这一跨学科的教育模式，旨在使学生不仅精通会计专业知识，还具备应对复杂多变职业挑战的能力。例如，心理学课程有助于学生深入理解自我及他人的情绪状态，提升情绪智力的管理能力；而沟通学课程则能有效增强学生的团队协作能力和客户服务意识。此类课程的综合配置，对于构建学生的内在素养框架具有重要意义。

在国内外的研究与实践探索中，亦暴露出若干不足之处。一方面，尽管冰山理论为会计人才的全面培养奠定了坚实的理论基础，但在具体执行层面，部分院校在课程设计上可能仍侧重于显性知识的传授，而对隐性素养的培育有所忽视。这种倾向可能导致学生在毕业后，虽然掌握了坚实的专业知识基础，却缺乏适应职场复杂环境所需的职业素养，进而制约其职业生涯的长远发展。因此，如何有效将隐性素养融入课程体系，成为当前高等职业院校亟待解决的重要课题。此外，教师的专业素养与教学能力在冰山理论的实施过程中扮演着举足轻重的角色。遗憾的是，许多高等职业院校在教师培训与人才引进方面可能存在滞后现象，导致教师在传授隐性素养方面的能力有所欠缺。教师对冰山理论的理解深度及其在教学实践中的应用能力，直接关乎课程实施的效果与质量。因此，打造一支具备相关专业知识与实践经验的教师队伍，对于成功实施基于冰山理论的人才培养模式具有决定性意义。

另一方面，评估与反馈机制的缺失也是制约冰山理论有效实施的关键因素之一。传统的评价体系往往侧重于对显性知识的考核评估,而对于隐性素养的评价则缺乏科学性和系统性。缺乏有效的评价机制,学生的隐性素养培养将难以得到有效落实。因此,高等职业院校需要构建一套多元化的评估体系,综合运用自我评价、教师评价等多种方式,以确保学生的隐性素养培养能够得到有效推进。在会计人才培养领域内,同行评审及教育机构反馈等多元化手段被采纳,旨在全方位评测学生的潜在素养。AI 技术的融入,为冰山理论在该领域的应用开辟了新路径。通过 AI 技术,能够即时解析学生的学习数据,协助教师精准把握学生的学习动态与短板,进而灵活调整教学方案。

在课程设计上,AI 技术的应用促进了个性化教学模式的实现,使学生能够依据自身优势与短板进行定向学习,全面增进其职业素养。具体而言,智能化学习平台使学生能够根据个人学习进度,自主选择适宜课程,进行自主深化学习,能极大地激发其学习的自主性与能动性。众多海外高等职业学院已深刻认识到 AI 与冰山理论结合的价值,正积极探究其在会计教育中的实践路径。在一些全球顶尖学府中,AI 不仅用于个性化推荐课程内容,还被深度整合进职业道德教育中,通过剖析历史案例与构建模拟场景,辅助学生深入理解会计职业中可能遭遇的道德抉择与复杂情境。这些机构还借助 AI 技术搜集学生的学习反馈,为课程的持续优化提供数据支撑,确保教育质量稳步提升。

基于冰山理论的会计人才培养模式,在国内外的研究与实践已取得一定成果,凸显了职业道德与职业素养在会计教育中的核心地位。科学的课程设计、有效的教学实施以及健全的评估反馈机制,不仅能够使学生扎实掌握显性知识,还能显著提升其隐性素养与综合能力。然而,我们也面临着课程设计失衡、师资力量薄弱以及评估体系不健全等挑战。因此,未来高职院校在推进会计专业人才培养改革时,应深入挖掘 AI 技术的潜能,紧密结合冰山理论的精髓,致力于构建一个全面且系统的人才培养框架,为培育符合新时代要求的优质会计人才奠定坚实基础。

（三）高职院校金课建设相关研究

高等职业教育领域内金课的构建，作为提升教学质量的关键策略，已广泛吸引领导、教师及同行们的深切关注与深入探究。通过对金课的核心特质、构建基准、评估框架的系统梳理，并结合其在多元专业领域的实践案例与研究进展，可为大数据与会计专业金课的打造提供宝贵的参考范例与启示。尤其值得注意的是，将"AI+冰山理论"的融合模式引入金课构建之中，无疑将为高职院校的教育革新与教学转型增添强劲动力。具体而言，高职院校金课的精髓在于其卓越的课程品质与高度实用价值。此类课程能有效激发学生的自主学习热情，促进知识掌握与技能提升的深度交融。这些课程往往紧贴时代脉搏，紧密对接行业需求，致力于培育符合社会发展需求的复合型人才。就教学内容而言，金课需兼具系统性、前瞻性与实用性，确保课程大纲与职业标准相契合，同时着重培养学生的实践操作能力。在教学策略层面，金课倡导以学生为中心的教学理念，重视师生互动与合作探究，推行多元化评价机制，通过丰富多样的教学手段增强学生的参与感与成就感。因此，其核心特质可概括为：以培育高素质技能型人才为宗旨，以课程质量为根本，以学生需求与行业发展为指引。

在构建标准层面，国内外学术界普遍认同高职院校金课建设应遵循既定原则与规范。其中，课程的规范性与创新性构成两大核心标准。规范性要求课程内容设计、教学方法选用、新技术融入等均需符合国家职业标准及行业规范，以保障课程的专业权威。而创新性则强调课程需紧跟时代潮流，灵活应对行业变迁，利用新技术、新思维不断创新课程内容。以大数据与会计专业为例，通过融合人工智能技术与数据分析工具，可极大提升课程的实用性与前瞻性，助力学生掌握最前沿的行业动态与技术走向。构建一套科学有效的评价体系，对于高等职业教育的金课建设而言，占据着举足轻重的地位。该体系理应全方位覆盖课程设计、教学执行、学习成效，以及师生互评等多个关键层面。评价体系的构建应聚焦于以下几个核心点：首先，考量课程的架构与内容，评判其是否遵循既定的课程标准、是否蕴含创新元素，以及是否具备实践应用价值；其次，审视教学流程，评估教学手段的多元化程度、学生的主动参与及互动水平；再次，关注学习成效，凭借期末测评、学习反馈等手段，衡量学生对课程知识的内化程度及实践应用能力；最后，重视师生反馈，广泛收集教师与学生的课程意见与建议，旨在持续优化并提升课程品质。此多元化评价机制能够全方位反映课程建设的实际效果，驱动其不断完善与进步。

在多个学科领域的金课建设实践与探索中，已涌现出众多成功案例，彰显了金课在实践教学中的巨大潜能与深远价值。例如，在医药、信息技术等行业，通过实施项目驱动学习与案例教学，有效培养了学生的实践操作技能与专业判断力，取得了显著的教学成效。在大数据与会计专业的建设过程中，我们可以从这些领域的成功实践中汲取经验，实现理论与实践的深度融合，进而增强学生的动手实践与问题解决能力。特别是在大数据与会计专业中，将"AI+冰山理论"融入金课建设，无疑将开启一种全新的教学视角。冰山理论着重强调了隐性知识的重要性，这不仅涵盖了专业技能，还涉及职业道德、沟通技巧、团队协作等深层次的教育素养。而AI技术的引入，则能助力教育者在课程中更有效地融合显性知识与隐性知识，利用智能化的教学工具与平台，提升学习的个性化与精准度。例如，通过数据分析技术，教师可以迅速洞察学生的学习状态与需求，从而灵活调整教学策略，确保每位学生都能在适宜的学习节奏中取得进步。

此外，金课建设还需高度重视课外实践与校企合作的作用。在会计学与大数据领域的教育实践中，校企合作作为一种创新模式，为学生开辟了一条通往真实职业场景与实践机遇的路径，使他们能更深刻地洞察职场需求及行业发展的脉搏。借助实习实训、项目协作等多种实践形式，学生得以将理论知识付诸实践，进而强化其分析洞察力和创新思维能力，全面促进个人综合素质的提升。此举不仅为学生累积了不可或缺的实践经验，同时也为教育机构发掘并培养了具有潜力的未来人才，构建了一种互利共赢的教育生态。在全球范围内，众多高等职业技术学院在推进金课建设方面已积累了深厚的实践经验。它们普遍采取产学研深度融合的教学策略，有效整合行业与教育资源，营造出了优越的教学环境与文化氛围。特别是在某些国际顶尖的高职院校中，课程构建过程积极吸纳行业专家的智慧，邀请他们参与课程规划与实施，确保教学内容与行业需求紧密对接。这种跨领域的合作与协同创新策略，不仅显著提升了课程品质，更为学生的长远发展铺设了坚实的基石。

　　然而，在金课建设的征途中，高职院校亦面临着一系列挑战。部分院校在课程内容设计、教学方法运用及评价体系构建上缺乏足够的灵活性，致使课程难以迅速适应行业发展的快速变迁。此外，学生的参与热情与主动性亦可能受到多种内外部因素的制约，进而影响到学习成效。因此，在金课建设的持续探索中，高职院校需秉持持续反思与适时调整的态度，坚守与时俱进的教育哲学，紧密追踪行业动态与科技进步的最新趋势，确保课程体系始终贴合人才培养的迫切需求。

四、研究方法与创新点

（一）研究方法

　　为了深入探究并增强"AI+冰山理论"模式的效能与实际操作性，我们需采取多元化的研究策略，涵盖文献综述、实地调研、个案分析及行动研究等手段。这些策略不仅能为相关理论体系构筑坚实的基础，亦能在教育实践中为课程的构建与优化提供具有可操作性的指引。

首先，通过系统性地整理与分析国内外相关领域的文献资料，可为高职院校金课模式在"AI+冰山理论"框架下的应用提供深厚的理论支撑。研究者可借由审视过往的研究成果、政策导向及行业标准，深化对金课核心要素及其特性的理解，并探讨冰山理论在会计教育人才培育中的核心价值。此外，文献综述还能帮助研究者辨识当前高职教育革新所面临的挑战与机遇，为基于理论导向的课程规划方案的制定提供宝贵参考。通过文献的整合与提炼，研究者可挖掘出成功的教育哲学与实践智慧，为大数据与会计专业金课的建构提供新颖的视角与策略。

其次，实地调研作为一种获取原始数据的关键途径，在金课建设的研究中占据举足轻重的地位。为精准把握学校需求、学生的学习动态及教师的教学实践，采用问卷调查、深度访谈等调研形式，可搜集到真实且详尽的反馈与信息。对学校需求的调研，能揭示市场对会计专业人才技能与素质的具体要求，把握行业动态，为课程内容的编排与更新提供实证基础；学生的学习状况调研，则能揭示学生在学习过程中的投入度、掌握情况及所遇难题，进而助力教师优化教学策略；而针对教师教学现状的调研，则可识别教学流程中的瓶颈与短板，为后续教师能力提升与课程改革指明方向。此类基于实证的数据采集与分析，将促进构建更具针对性的课程体系，从而显著提升教学的实效性。

案例分析作为一种研究方法，为学术探索开辟了深刻洞察的路径。它对国内外标杆性教育机构或课程案例的系统剖析，使研究者能够萃取成功的范例与高效的教学策略。在此过程中，精心选取具有代表性的院校或课程作为分析对象至关重要，诸如在大数据与会计领域内表现卓越的高职院校，其教学模式、课程规划及评价体系便极具参考价值。对这些精选案例的深度挖掘，不仅揭示了其蕴含的教育理念、实施细节及显著成效，还促使研究者对"AI+冰山理论"在金课构建中的实际应用获得更为透彻的理解。特别是在课程架构与教学执行层面，通过对比分析不同院校如何将隐性素养培育与 AI 技术有机融合，为创新性与实用性兼备的课程模式设计提供了宝贵启示。

此外，行动研究法作为一种在真实教学情境下不断反思与迭代的方法论，其核心在于依据实践反馈进行策略的调整与优化。在推进金课建设的过程中，及时归纳实施经验、汲取教训，并对课程设计与教学手法的有效性进行深刻反思，是持续提升课程品质与学生学习体验的关键。研究者通过设定明确目标，实施新型教学策略，并辅以持续的跟踪观察与数据搜集，能够科学评估这些变革的实际效果与长远影响。这一过程中的反复实践与深度反思，有助于探索出更加贴合学生需求的教学模式，确保课程内容既符合行业标准，又能精准对接学生的学习期望。行动研究法为高职院校的课程建设引入了一种灵活应变且持续进化的研究范式，通过实践中的不断优化，为提升教育实效、奠定学生职业发展的坚实基础提供了有力支撑。

（二）创新点

"AI+冰山理论"的创新模式，为课程的设计及实施开辟了一个全新的维度与策略。此创新不仅深刻影响了理论架构的构筑，还涵盖了实践路径的探寻、多元化教学评价体系的构筑，以及紧密结合行业特征与职业导向的实践教学项目的开发，旨在增强学生的综合素养与职业能力，特别是促进显性知识与隐性能力的和谐并进。具体而言，人工智能与冰山理论的深度融合，构筑了一个针对高职院校大数据与会计专业金课建设的全新理论基石。

冰山理论揭示，个体的显性知识（诸如教材内容、理论课程等）仅构成其能力结构的冰山一角，而对其职业发展起着决定性作用的隐性能力（诸如职业道德、沟通技巧、团队协作能力等）则深藏于水面之下。在这一理论导向下，高职院校能够设计出既聚焦于专业知识传授，又兼顾学生综合素养培育的课程体系。人工智能技术的融入，为课程提供了智能支撑，凭借数据分析与学习算法，精确识别学生在显性知识与隐性能力上的长处与短板，助力教师在课程执行中实施精准调整与优化。这一理论框架不仅强化了课程的科学性与系统性，还为高职教育的革新路径提供了新视角，推动教育向更高效、更灵活的模式转型。

在教学评价体系的革新方面，人工智能技术的应用促成了多元化评价模式的实现。传统教学评价多局限于对学生显性知识掌握情况的考察，通过期末考试、日常作业等形式进行。然而，这样的评价体系难以全面体现学生的综合能力与职业素养。因此，基于人工智能技术的多元化教学评价体系应运而生。该体系能够灵活运用多种评价方式，包括在线测评、同行评审、自我反思、实践项目展示等，全面评估学生的知识掌握程度与隐性能力的发展状况。例如，通过人工智能分析学生在模拟业务场景中的实际表现，教师可以深入了解学生在职业沟通、团队协作等方面的能力表现，为教学提供更为精准的反馈与指导。在深入探究团队协作的详尽数据基础上，我们旨在构建一套个性化的学习路径规划。此多维度评估框架，不仅能够有效激发学生的主动学习热情，同时也为教师提供了精确的教学成效反馈，驱动其教学理念与策略的革新进程。进一步地，我们致力于开发融合行业特性与职业导向的 AI 辅助会计实践教学项目，旨在为学生实践技能与职场适应力的培育提供坚实支撑。

在大数据与会计教育的领域内，实践教学扮演着举足轻重的角色。学生亟须在仿真的职场环境中应用理论知识，以深化对职业身份的认知与适应能力。借由 AI 技术的融入，教育工作者能够构思出更为贴近实际且复杂的实践场景，诸如利用数据分析平台执行财务报表的深度剖析，或是模拟企业运营的真实流程，以此在实操中锻炼学生的问题解决技巧与创新思维。此外，与行业及教育机构携手开展的合作项目，使学生能够在实习和项目实践中接触并掌握最新的行业动态与实战经验，从而在就业市场中占据优势地位。这种将行业需求与教育宗旨深度融合的实践项目，不仅显著增强了课程的实用导向，也为学生与学校之间构建了沟通的桥梁，为他们的职业生涯铺设了稳固的基石。

AI 赋能的实践教学项目还擅长运用数据分析技术，助力学生快速适应瞬息万变的市场环境。通过深度剖析行业数据，学生能够洞悉市场趋势，熟悉行业标准与职业规范，为未来的职业规划奠定科学基础。这种基于数据与 AI 的实践教学模式，不仅锤炼了学生的实践操作技能，还培养了他们对行业变迁的敏锐洞察与适应能力，使之成为能够驾驭未来职场风云的复合型人才。

综上所述，"AI+冰山理论"驱动的高职院校大数据与会计专业金课模式，彰显了其独特的创新亮点与深远价值。此模式不仅促进了高职院校课程质量的飞跃与学生综合素养的提升，更紧密贴合了新时代职业教育的发展脉搏。在教育革新与变革的进程中，将理论知识与实践操作相融合，为各大教育机构开辟了一系列深刻且具有启发性的策略与途径，此举将有力地促进高等职业教育实现更为深远的内涵式进步。

第二章　理论基础

一、AI 相关理论基础

（一）AI 技术原理

为了全面剖析 AI 如何革新高等职业院校的教育范式，我们需系统性地探究其核心技术的理论架构，涵盖机器学习、深度学习、自然语言处理（NLP）及计算机视觉等领域，并深入分析相关的算法模型，诸如神经网络、决策树、支持向量机等，同时紧跟这些技术的演进脉络。首要关注的是机器学习，作为人工智能的一个重要分支，它赋予了计算机基于经验进行自我学习的能力，无须预设编程指令。机器学习的核心机制在于运用既有数据集训练模型，使之面对新颖数据时能执行精确的预测或分类任务。机器学习的范畴可细分为监督学习、无监督学习与强化学习三种核心模式。监督学习模式下，算法依据附有标签的输入数据进行学习，广泛应用于分类与回归问题；无监督学习则致力于挖掘未标注数据中的隐含结构，如通过聚类算法实现相似数据的归类；强化学习则独树一帜，通过与外界环境的交互积累经验，依据奖惩机制进行学习。这些基础机制促使机器学习在教育场景中能够应用于学生行为模式解析、个性化学习路径规划及智能辅导系统构建等。

进一步地，深度学习作为机器学习的一个深化分支，其精髓在于利用多层神经网络执行特征抽取与决策过程。深度学习借鉴人脑神经网络的工作原理，构建多层连接结构，以应对复杂输入数据的处理挑战。该技术在图像识别、语音识别及自然语言处理等多个领域均取得了显著进展。深度学习的核心策略是通过反向传播算法动态调整神经元间的连接权重，力求模型输出逼近真实值。在教育领域，深度学习技术不仅能分析学生的学业成绩与行为记录，还能借助情感分析与预测模型，洞察学生的学习心态与潜在需求，为教师提供精准的教学指导。此外，NLP 作为 AI 技术中的关键研究领域，一系列先进的算法模型被广泛应用，诸如隐马尔可夫模型、条件随机场以及循环神经网络（RNN）等，均展现出强大的处理能力。通过 NLP 技术，人工智能系统能够有效分析学生的学习反馈、在线交流内容及作业完成情况，进而准确把握学生在学习旅途中的真实体验与个性化需求。在高等职业教育机构中，这一技术的应用尤为关键，因为它能为学生提供量身定制的学习辅助与策略建议，极大提升学习体验的深度与广度。

具体而言，通过分析学生的在线作业与讨论记录，AI 能够敏锐捕捉到学生的理解误区，并据此提供精准的学习补救方案，这种互动模式显著增强了学习的精准性与实效性。计算机视觉技术致力于使计算机具备"视觉感知"与"图像理解"的能力，其基本原理在于，首先通过传感器捕获图像数据，随后运用一系列图像处理与分析算法，从中抽取出具有价值的信息。在计算机视觉领域，关键技术涵盖卷积神经网络（CNN）、图像分割技术以及物体识别算法等。在大数据与会计专业的实践中，计算机视觉技术展现出广泛的应用潜力，如智能监控系统、自动化审计流程以及账目核对等场景。例如，利用图像识别技术，AI 能够自动识别并处理发票与单据，大幅减轻了人工审核的负担，不仅显著提升了工作效率，还有效降低了人力成本，为会计行业带来了颠覆性的变革。在深入探索 AI 技术原理的同时，算法模型作为技术框架的核心组成部分，同样不容忽视。在深度学习领域，神经网络模型，特别是多层感知器（MLP）与卷积神经网络，在处理非线性关系与复杂特征方面展现出卓越的性能。此外，决策树作为一种直观且高效的监督学习算法，通过构建层次分明的树状结构，实现对数据的精确分类与回归分析。

支持向量机（SVM）则凭借其在高维空间中寻找最优分类超平面的能力，成了一种强大的数据分类工具。这些算法模型在高职院校大数据与会计专业的教学实践中，为利用 AI 技术实现个性化教学提供了坚实的支撑。凭借自我学习与自适应算法，AI 能够持续精进其决策机能，从而更加精确地贴合教育领域的多样化需求。AI 技术的广泛渗透与实际应用，将有力地促进教育公平性的提升，尤其是在偏远地域及教育资源匮乏的学校中，AI 可借助在线教育平台和智能辅导系统，输送高质量的教育资源。然而，在此过程中，数据隐私与安全的问题亦日益凸显，成为亟待解决的关键问题。未来，如何在充分保障学生隐私权益的基础上，有效运用 AI 技术，将成为推动智能化教育发展的重要导向。

（二）AI 在会计领域的应用范畴

随着经济全球化与信息技术的持续进步，传统的会计工作正遭遇前所未有的挑战。而 AI 技术的融入，则为会计领域变革注入了新的活力。具体而言，"AI+冰山理论" 在高职院校大数据与会计专业金课模式中的应用，将有效促进学生对新兴技术的深入理解与应用，进而提升其职业素养。以下将从财务会计、管理会计、审计及税务等多个维度，深入探讨 AI 在会计领域的具体应用方式及流程变革，并结合实际案例，展示 AI 技术如何显著提升会计工作的效率与质量。

在财务会计领域，AI 的应用主要聚焦于自动化记账与智能报表生成两大方面。传统记账工作需人工处理数据，耗时且易出错。而

AI 技术通过自动化工具，可实现数据的实时录入与处理。例如，运用机器学习算法，系统能从源数据中精准提取关键信息，自动生成分录并完成记账。此举不仅大幅提升了数据处理速度，还有效降低了人为错误率。智能报表生成则依赖于自然语言处理（NLP）与数据可视化技术，能将复杂数据自动转化为直观易懂的报表，助力决策者迅速把握公司财务状况。某国际会计服务公司已成功应用 AI 技术实现报告生成的自动化，显著缩短了报告完成时间，使财务人员得以将更多精力投入数据分析与战略建议的提出。

在管理会计领域，AI 技术的引入同样带来了颠覆性的变革。成本预测与分析作为管理会计的核心工作，以往需依赖历史数据进行手动计算与分析，耗时费力。而借助 AI 算法，尤其是深度学习模型，可高效分析大量历史数据与市场指标，精准预测未来成本变动趋势。例如，某制造企业采用基于 AI 的成本预测模型后，不仅预测准确性显著提升，还对产品定价与成本控制决策产生了积极影响。此外，随着 AI 技术的不断发展，其在预算管理优化方面也展现出了巨大的潜力与价值。

财务管理者能够借助智能预算工具，实时追踪实际支出与预算之间的差异，并自动生成调整建议，从而确保预算的有效执行。这种智能化的管理方式，使得企业在资源配置上更加科学、合理，显著降低了运营风险。

在审计领域，AI 技术的应用同样产生了深远的影响。审计工作需要对大量的业务和财务数据进行细致审核，然而，传统审计方法效率低下，且容易遗漏关键信息。相比之下，AI 通过审计数据分析工具，能够自动识别异常数据模式和潜在风险。例如，运用数据挖掘技术，审计人员可以快速分析海量交易数据，进而发现潜在的舞弊行为和合规风险。一家知名审计公司利用 AI 进行审计时，就通过算法模型对客户的大量财务数据进行实时分析，成功识别出 35% 的异常交易，助力客户及时进行整改和风险控制。此外，AI 通过风险预警系统，在审计流程中实时监控交易活动，能够提前识别潜在风险，从而提升了审计质量和效率。

在税务领域，AI 技术的应用同样展现出显著价值。税务申报自动化是当前企业极为关注的领域，税务工作复杂且政策变化频繁，往往需要耗费大量时间与精力进行计算与申报。借助 AI 技术，企业可以利用智能税务申报系统，实现应交税款的自动计算，并生成电子申报表，从而减少人工干预，提高申报效率。同时，税务筹划智能辅助工具能够通过大数据分析与预测，帮助企业制定合理的税务规划，最大限度地降低税负。例如，一家跨国公司利用 AI 系统对不同国家的税收政策进行全面分析与模拟，成功优化了其全球税务结构，实现了纳税额的显著减少。

综上所述，AI 技术在会计领域的引入，无疑提升了工作效率和质量，为传统会计行业带来了显著的变革。通过自动化和智能化，企业能够在更短的时间内完成更复杂的财务分析和决策。本书旨在探讨人工智能（AI）在会计行业中的应用及其对运营效率与财务报告可靠性的提升作用。具体而言，AI 的应用显著提升了数据处理的准确性，并有效减少了人为错误，从根本上确保了财务报告与审计结果的可靠性。实际案例的成功应用为会计行业接纳 AI 提供了有力佐证。众多大中型企业已开始积极引入 AI 技术，以优化其会计流程，从而更好地应对复杂的业务环境和快速变化的市场需求。以一家大型零售企业为例，该企业通过实施 AI 驱动的财务分析系统，实现了对库存与销售数据的实时监控。基于此，企业能够迅速调整采购计划，有效降低库存成本，进而实现整体财务状况的显著改善。这一过程不仅促进了企业内部资源的高效配置，还使决策流程更加敏捷，显著提高了市场反应速度。

二、冰山理论解析

（一）冰山理论内涵

冰山理论意蕴深邃而广博，它将知识体系划分为显性知识与隐性知识两大维度，为洞察学生在学习历程中所应构建的知识架构提供了坚实的理论支撑。在此理论框架下，显性知识通常囊括了那些可通过书籍、课堂教学、教材资料及在线学习平台等途径获取的知识内容。以会计专业为例，显性知识涵盖了基础的会计理论、原则、方法及操作技巧，诸如借贷记账规则、财务报表的编制技巧、税务筹划知识以及财务管理相关技能等。此类知识构成了学习活动的基石，其表现形式直观且易于传递，常借助教科书、教学方案及多样化的教学资源来展现。

相较于显性知识，隐性知识则如冰山之下难以窥见的部分，难以直接观测或量化评估。隐性知识涵盖了个人的职业信念、社交技巧、自我认知、情绪调控能力及复杂问题解决策略等。尽管这些知识不易被外界直接感知，但它们在推动个体职业发展及全面提升综合素质方面发挥着举足轻重的作用。具体而言，隐性知识往往是在个体的生活经历、情境应对及人际交往过程中逐渐积累形成的，它们深刻地塑造了个体的思维模式、行为模式及价值取向。在会计专业的求学过程中，尽管学生能够借助课程学习掌握会计领域的专业技能，但若缺乏坚实的职业信念与良好的人际交往能力，他们在未来的职场中可能面临团队协作的困境，难以有效沟通并表达个人观点。

显性知识与隐性知识之间存在着千丝万缕的联系，它们共同构成了个体综合素养的基石。显性知识为隐性知识的培育提供了必要的理论基础,而隐性知识则反过来影响着显性知识的实践应用。因此,在会计专业的教育实践中,教师不仅要向学生传授基本的会计原理与操作技能,更要注重引导学生培养职业素养与人际交往能力,以助力他们在未来的职业生涯中更好地适应复杂多变的工作环境,迎接各种挑战。例如,一个卓越的会计人员不仅需要具备编制合规财务报表的能力,还应拥有出色的沟通协调能力、团队合作精神及问题解决能力,以全面展现其专业素养与综合素质。在职业素养的培养中,个体需具备跨部门高效沟通的技巧、敏锐的商业洞察力以及策略规划能力。在此过程中,隐性知识扮演着至关重要的角色,它促进了学生的全面发展,并使他们能够灵活地将显性知识应用于职场实践中。对于高职院校而言,教育改革的一大核心挑战在于如何有效融合显性知识与隐性知识,从而全面提升学生的综合素养。

近年来,AI技术的融入为此提供了新的契机。借助大数据分析与智能学习平台,教育者能够评估学生在显性知识领域的掌握情况,同时,通过定制化的学习方案,深入挖掘并发展学生的隐性知识。利用先进的AI算法,分析学生的学习行为数据,可以精准识别出具备较强人际交往能力或自我管理潜力的学生,并据此为他们提供量身定制的职业素养提升课程。这种个性化的成长路径,不仅能够助力学生深入掌握专业知识,更能在无形中促进隐性知识的生成与积累。在此背景下,教育者应着重强调隐性知识在学生职业发展中的不可或缺性。通过实施案例分析、小组讨论、角色扮演等多元化的教学方法,鼓励学生在模拟的真实情境中锻炼人际交往、情绪管理等关键能力,进而全面提升其综合素质。此外,学校也应积极介入教育过程,通过组织实习、见习等活动,学生在真实的工作场景中获取实践经验,从而加速隐性知识的积累与运用,为其未来的职业生涯奠定坚实基础。

（二）大数据与会计专业中的冰山知识体系构建

"AI+冰山理论"的教育框架作为一种前沿的教学模式，正逐步在高职院校的大数据与会计专业金课构建中发挥关键作用，其核心在于构建一套全面的"冰山知识体系"，以达成多维度的教学目标。此体系不仅囊括了直观的知识传授，还深入技能锤炼及情感态度与价值观念的培育，旨在全方位促进学生的个人成长，提升其职场竞争力。

依据冰山理论的基本原理，首要任务是细致剖析大数据与会计专业中的知识体系构建。显性知识层面，主要聚焦于可直接传授与测评的内容，诸如会计基础理论、相关法律法规、税务政策解读、财务报表编制技巧及大数据分析工具运用等，这些知识构成了会计人员从业的基石，也是教学过程中的核心内容。在此维度，教育工作者需确保学生能通过系统的理论学习与实践操作，扎实掌握这些显性知识，并在课程设计中明确学习目标，为学生规划清晰的学习路径，以促进知识传授的条理化与高效性。然而，仅凭显性知识的传授难以达到教育的全面要求，学生还需通过实践与体验深化隐性知识的积累。这类知识触及更深层次的心理与情感范畴，涵盖职业伦理观、团队协作能力、沟通技巧、自我认知及问题解决能力等。正如冰山理论所揭示，隐性知识犹如显性知识之下的庞大根基，其培育与发展需依赖丰富的实践与深度反思。因此，在教学实践中，我们必须采取以学生为中心的教学策略，创造多样化的学习体验，引导学生在主动探索中发掘隐性知识。具体而言，可通过案例分析、小组讨论、角色扮演及模拟实训等教学方法，激励学生在贴近现实的情境中学习，既强化显性知识的应用，又激发对隐性知识的深度思考与自我反省。在情境教学的实施中，教师可设计一系列与实际工作紧密相关的任务，让学生在完成真实或高度仿真的项目中全面提升综合能力。以会计专业课程为例,通过设计诸如企业财务报告编制、税务筹划案例分析等实践项目,不仅能够有效检验并巩固学生的显性知识掌握情况,还能在解决实际问题的过程中,激发学生的创新思维,促进其隐性知识的内化与升华。教育工作者可设计并实施一项以企业财务分析为载体的实践教学活动,指令学生深入探究企业的运营状态。在此过程中,学生需综合分析财务数据,并通过团队协作展开深入讨论,最终编撰财务报告并提出改进建议。这一实践不仅有助于学生强化会计专业知识体系,还能在团队协作与互动交流中锤炼其沟通技巧与情感智慧,进而促进隐性知识的有效积累。

此外,本书主张,在教学全过程中应始终贯穿情感态度和价值观的培养。教师应借助课堂讨论、分享业界真实案例以及邀请行业专家举办讲座等多元化教学手段,引导学生构建正向的职业价值观,并增强其社会责任感与职业使命感。例如,通过邀请具备深厚实践经验的业界精英,与学生分享其职场经历与宝贵经验,可帮助学生更深入地理解自身的职业定位与行业准则,进而增强其对职业发展的认同感与归属感。同时,AI 技术的融入为达成上述目标提供了坚实的支撑。利用 AI 技术,我们可以精准分析学生的学习习惯与偏好,为其提供个性化的学习指导与资源,使教学活动更加贴合学生的实际需求。通过大数据分析,教师能够实时掌握学生的学习进度与掌握程度,从而灵活调整教学策略,实现更为精细化的教学服务。AI 技术还能助力学生建立良好的学习习惯与思维方式,借助智能化的学习工具,激励学生开展自主学习与探究,进一步激发其学习兴趣与探索精神。"AI+冰山理论"的教育教学模式为高职院校大数据与会计专业精品课程的建设提供了全新的思路与方法。在此模式下,知识传授、技能训练以及情感态度价值观的培养等多个方面相互渗透、有机融合,共同构成了一个全面而系统的教育体系。通过体验式学习与情景模拟,学生不仅能够深刻理解显性知识,还能在实践中积极探索并拓展隐性知识,进而实现自我认知的深化、价值观的形成以及综合能力的提升。这一模式的有效实施，不仅对学生的全面发展具有显著的促进作用，而且能够为他们的未来职业生涯奠定坚实的基础，从而有效地孕育出适应新时代要求的高水平、多元化人才。通过这些努力，我们旨在确保学生具备广泛的技能与知识，以满足未来社会的多元化需求，成为兼具专业素养与综合能力的复合型人才。

三、金课的内涵

（一）高阶性

高阶性并非课程内容的简单堆砌，而是关乎培养学生高阶思维能力的深层次教育目标。此目标的实现，对学生的全面成长及未来职业生涯均至关重要。高阶思维能力，通常指在复杂情境中进行分析、评判、创造及解决问题的能力。此类能力的形成，不仅依赖于基础知识的积累，更需通过系统的学习与实践逐步培养。高职院校的教育目标，不应局限于专业知识的传授，而应深入探讨如何培养学生的高阶思维能力。在大数据与会计专业中，显性知识（如会计原则、财务报表编制方法、数据分析工具使用等）虽为基础，但仅构成学生职业能力构建的基石。更为关键的是，学生需具备将这些知识灵活应用于解决实际问题中的能力，以在未来工作中展现出更高的专业性与判断力。因此，教育者在设计课程时，应明确设定高阶性目标，让学生通过多样化的学习方式与实践活动，逐步提升分析能力、批判性思维及创造力。为有效实施高阶性目标的课程设计，教育者需运用"AI+冰山理论"框架，构建一个全面的知识体系。其中，显性知识（如会计基本概念与操作技能）的传授，是学生获取高阶思维能力的基础，但仅凭这些知识尚显不足。在教学过程中，教育者应通过丰富的案例分析、情景模拟和项目导向学习等方式,引导学生在面对复杂问题时,运用所学知识进行独立思考,并创造解决方案。在此过程中,AI技术的引入将为课程提供更为精准和个性化的支持,使每位学生都能根据自身兴趣和能力,进行不同层次的学习,逐步挑战更高阶的思维任务。

实践方面,教育者可通过设计真实的工作情境,让学生在解决实际问题时综合运用所学知识与技能。例如,在会计专业课程中,可安排学生参与企业的财务审计或预算编制等实际项目,以提升其综合能力。在这些项目中,学生需承担多项任务:分析数据、制定报告与建议、与团队成员协作交流,并可能面临客户的反馈与调整要求。这些活动不仅检验了学生的专业能力,还对其沟通能力、团队合作精神及适应能力提出了高要求。此类学习体验为学生提供了一个实践高阶思维能力的平台,使他们在真实情景中得以学习与成长。

此外,学生在学习过程中还需逐步培养批判性思维与创造性思维。批判性思维要求学生能够对所搜集的信息进行深入分析与评估,识别其中的逻辑关系及潜在问题。为达成这一目标,教师可运用多种教学手段,如小组讨论、辩论、角色扮演等,引导学生在思维碰撞中理解问题的多面性,进而形成对不同观点的分析能力。这不仅有助于学生深化与拓宽知识掌握,还能增强他们的自信心,为未来职业生涯中应对复杂工作挑战打下坚实基础。

高阶思维的培养还需依赖于创造性思维的训练。创造性思维并非无源之水,而是建立在知识积累与运用基础之上,通过不断尝试与探索得以发展。为此,教师可设计开放性问题或项目,赋予学生自主选择研究方向的权利,并鼓励他们提出创新性的解决方案。这一探索与创新的过程,不仅能激发学生的创意潜能与自信心,还能促使他们在高阶思维能力上实现更大突破。

（二）创新性

　　金课的内涵远非仅限于课程的学术性和实用性，其核心价值更在于所蕴含的创新性。具体而言，金课的课程内容能够迅速反映最新的科研成果、前沿的新方法和新趋势，这对于培养适应新时代需求的人才具有至关重要的作用。在大数据与会计专业领域，课程的创新性尤为关键，必须紧跟科技发展与行业需求的快速变化。当前，信息爆炸导致数据的生成和处理规模日益庞大，会计工作的方式也在持续演变。因此，教学内容不仅要传授传统的会计知识与技能，还需与时俱进，涵盖大数据分析、云计算、人工智能在会计中的应用等新兴领域。这些新兴知识的引入，不仅极大地丰富了课程内容，还显著拓宽了学生的视野，使其具备更强的适应能力和前瞻性思维。以人工智能和机器学习技术为例，随着这些技术的日益成熟，会计工作中越来越多地引入自动化工具和智能分析软件。高职院校在课程设计时，应及时纳入这些新技术的相关知识，教授学生如何利用 AI 工具进行数据分析、风险评估和财务预测等工作。这种实践性的教学方式，使学生在了解传统会计流程的基础上，掌握前沿科技对行业的影响，为未来的职业生涯打下坚实的基础。此外，金课的创新性还体现在教学方法的变革上。传统教学方法往往侧重于知识的灌输，而忽视对学生独立思考和实践能力的培养。因此，教育者需要设计以学生为中心的教学策略，利用"AI+冰山理论"等创新手段，促进学生主动参与学习。通过项目导向学习、案例研究、模拟实习等多种形式，鼓励学生在真实情景中探索和应用所学知识。这不仅提升了学生的动手能力，还锻炼了其解决实际问题的能力。同时，课程内容中的最新科研成果和行业动态应通过多种形式进行展示。例如，邀请行业专家举办讲座、组织学生参观企业等，为学生提供更直观的理解与思考机会。这些举措有助于深化学生对课程内容的理解，进一步提升其专业素养和综合能力。

综上所述，金课的内涵丰富且深远，其创新性不仅体现在课程内容的更新与拓展上，还体现在教学方法的变革与实践性教学的加强上。这些创新举措对于培养适应新时代需求的高素质会计人才具有重要意义。

引入最新的科研成果与行业新趋势，对于学生创新思维与实践能力的培养具有至关重要的作用。教师可以通过深入分析当前会计行业的热点问题与挑战，引导学生对相关主题进行深入研究与探讨。在具体教学实践中，教师可指导学生研究沉没成本、机会成本等经济学原则在可持续发展领域的应用，促使他们在思考如何将伦理与经济相结合的同时，进一步增强社会责任感。此外，课程的创新性还应体现在其随时更新与适应的能力上。教育者需构建灵活的课程体系，定期依据最新的科研成果、行业动态及社会需求，对课程内容进行调整与优化。通过构建持续的反馈机制，教育者能够及时了解学生的学习成效及市场对人才的需求，从而动态更新课程内容，确保其始终处于教育前沿。深化校企合作，同样为教学创新提供了良好的平台。通过与行业企业的紧密协作，教育机构能够更直接地获取市场需求信息，进而使课程内容更具针对性与前瞻性。

在高职院校大数据与会计专业的金课建设中，创新性不仅体现在课程内容和教学方法的革新上，更体现在教育理念的深刻变革中。作为知识的传播者，教师不仅要帮助学生掌握显性知识，还要激励他们在学习过程中培养独立思考的能力，鼓励他们勇于质疑、积极探索、勇于创新。在这样的教学氛围中，学生不仅能够获取扎实的专业知识，还能培养批判性思维和创造性解决问题的能力，从而在未来的职场竞争中占据更为有利的地位。

（三）挑战度

所谓挑战度，系指课程设计需维持在一个合理难度区间内，旨在激发学生的求知热情与探索动力，同时避免造成过度的挫败情绪。正如冰山模型所揭示的，知识的表面现象仅构成整体的一小部分，而深入的理解与实践应用才是教育的核心价值所在。在大数据与会计专业教育领域内，面对纷繁复杂的实际运用场景，学生唯有通过不懈的探索与实践，方能真正掌握这些专业知识。因此，合理设定课程挑战性，不仅旨在评估学生的学术素养，更在于激发他们的自主学习意识及问题解决技能。

在此背景下，将人工智能技术融入课程体系，为课程挑战性的实现注入了强大的动力。一方面，AI 技术依托数据分析功能，为课程内容的编排提供了宝贵的参考依据。教育者能够依据学生的学习偏好与能力基础，量身打造个性化的学习路径与任务，这种定制化的学习体验，既确保了课程的适当挑战性，又有助于维持学生的学习热情。另一方面，AI 技术借助智能评估系统，能够实时追踪学生的学习进度，并即时反馈他们在学习过程中遇到的问题。这种即时的反馈机制，有助于缓解学生在面对挑战时的焦虑情绪，让他们在解决问题的过程中体验到成就感。

然而，合理设定课程挑战性并非易事。教师在课程设计时，需全面考量学生的基础知识储备、学习能力以及心理韧性等多维度因素。过高的挑战性可能导致学生产生挫败情绪，进而削弱其学习动机；而过低的挑战性则难以激发学生的内在潜能，使学习过程变得单调乏味。此外，教师还应在课程中穿插丰富的案例分析与实践操作项目，引导学生在真实情景中运用所学知识，解决实际问题。这种基于实践情境的学习方式，能够进一步提升课程的挑战性，使学生在实践探索中感受到学习的乐趣与成就感。另外，在冰山理论的指导下，课程的挑战性不仅应体现在学术难度的提升上，还应关注学生深层次能力的培养。

在大数据与会计专业的教育体系中，学生必须精通数据分析技术、财务决策制定以及市场趋势预测等一系列核心知识与能力。这些知识的习得，对学生的逻辑思维能力与创造性思考能力提出了较高的要求。因此，在制定课程目标时，教师应当超越单纯的知识传授，着重于培养学生的思维能力与综合素养。在教学实践中，教师可借助多样化的教学方法，如项目驱动式学习、团队协作学习等，来增强课程的难度与深度。例如，通过组织项目小组，让学生在共同协作中应对复杂的现实问题，这不仅能增进学生间的互动交流，还能全方位地提升其综合能力。此外，教师还可以紧密结合行业的实际需求与发展动态，设计贴近企业实际工作环境的案例，使学生在学习过程中紧跟行业动态，不断提升自身的实践能力。在评价体系层面，教师同样需要采取多元化的评价方式，以激励学生面对挑战不断进步。除了传统的考试与作业外，教师还可以利用开放性问题、项目汇报、课堂辩论等多种形式，对学生的学习成果进行全面评估。这种多元化的评价方式，不仅关注学生的知识掌握程度，更重视对其思维过程与创新能力的考量，从而为学生提供更为详尽的反馈与指导。

四、AI 与冰山理论的融合

高职院校作为培养应用型人才的关键阵地，特别是在大数据与会计专业的教育领域，如何有效运用 AI 技术来发掘并培育学生的隐性知识，进而拓宽并深化课程内容，已成为教育工作者亟待解决的重要议题。从冰山理论的视角出发，AI 在会计领域隐性知识的挖掘中扮演着至关重要的角色。该理论强调，知识的显性层面仅是冰山一角，而真正对学生全面发展起决定性作用的深层知识、技能及思维方式则潜藏于水面之下。因此，充分利用 AI 技术挖掘并应用这些隐性知识，对于推动高职院校大数据与会计专业金课的建设具有重大意义。

具体而言，AI 在数据处理与分析方面的卓越能力，使其能够高效挖掘学生在学习会计过程中潜在的知识与技能。通过智能化分析学生在学习过程中的各类数据，AI 能够精准识别学生在知识掌握与技能运用上的薄弱环节。这种基于数据驱动的分析，不仅有助于教师实时掌握学生的学习动态，还为课程设计的优化提供了有力支撑。在实际操作中，AI 可通过学习管理系统（LMS）广泛搜集学生的作业成绩、讨论参与度、在线学习时长等多维度数据，进而构建出详尽的学生学习画像。依据这些数据，教师能够有针对性地调整教学策略，为学生提供个性化的支持与资源，助力他们克服会计学习中的具体难题。这一过程不仅能提升学生对会计知识的掌握程度，还能激发他们自主探索的热情，有助于其更深入地掌握隐性知识。

此外，AI 还能够通过设计个性化学习路径，助力学生在会计课程中更有效地挖掘隐性知识。传统教学模式往往较为刻板，难以满足学生多样化的学习需求与兴趣。而 AI 技术的引入，则使得个性化学习成为现实。AI 能够基于学生过往的学习行为分析，为每位学生量身定制符合其学习特点与进度的个性化学习方案，从而能极大地提升学习效率与效果。在教育领域，AI 能够根据学生在财务报表分析、预算编制等核心技能方面的具体表现，精准推荐相应的学习资源与实践项目，助力学生针对自身薄弱环节进行深入学习。这种灵活且有针对性的学习模式，不仅能促进学生在显性知识层面的提升，更能在隐性知识层面实现更深层次的理解与应用能力的增强。

在会计专业教学中，案例分析与实际操作是不可或缺的重要环节。然而，传统案例教学往往受限于固定的教材与案例，难以满足所有学生的个性化需求。通过引入 AI 技术，教师可以根据行业动态及学生兴趣，动态更新并优化案例库。AI 能够高效挖掘与整理海量会计案例,借助数据分析技术,为学生提供最新的行业资讯与实践案例,从而丰富学生的学习体验。在知识传递过程中,AI还具备辅助管理知识学习的能力。隐性知识的获取往往依赖于反复实践与深度思考的积累。通过智能辅导系统,AI能够随时为学生提供个性化的指导与建议,帮助他们在实践中逐步深化对知识的理解。例如,在财务决策模拟实践中,AI能够根据学生的决策结果,实时分析并提供反馈,使学生更好地理解决策背后的财务逻辑与风险管理,进而更全面地掌握隐性知识的内涵。

教师在利用AI技术挖掘会计隐性知识的过程中,需关注学生隐性知识的构建。因此,高职院校的教师在会计教学中,不仅要传授显性知识,还应注重引导学生通过实践与反思,逐步探索与理解隐性知识。就要求教师在课程设计中融入更多互动与合作环节,鼓励学生分享个人经验与见解。结合AI的技术优势,教师可以更有效地促进学生对隐性知识的探索与掌握,进而提升学生的综合素质与职业能力。教师可以设计更多以项目为导向的学习活动,旨在鼓励学生在小组合作中协同解决问题,并将隐性知识融入实际操作与团队交流之中。这种学习方式具备多重优势:首先,它能有效促进学生的知识内化过程。通过亲身参与和实际操作,学生能够更深刻地理解并掌握所学知识。其次,它有助于提升学生的团队协作能力。在小组合作中,学生需要相互沟通、协调与配合,从而培养团队精神与合作技能。最后,它还能激发学生的创新思维能力。面对实际问题,学生需要运用所学知识进行创造性思考,提出新颖的解决方案,进而锻炼并提升自己的创新思维。

第三章　高职院校大数据与会计专业课程现状剖析

一、教学理念转变困难

在高职院校大数据与会计专业的教育领域，教学理念的转型正面临重重挑战。若此现状未得到妥善解决，将深刻影响学生的学习成效及其未来职业生涯的发展轨迹。

首先，传统教学理念在高职院校中依然根深蒂固。众多教师沿用以教师为核心的教学模式，该模式侧重于知识的传授与灌输，过分强调理论知识的讲解，却忽视了学生实践能力和创新思维的培养。在此教学环境下，学生往往被动接受知识，缺乏自主学习的动力与主动探索的意识。面对复杂多变的职场需求，学生常感到所学知识与技能难以满足实际工作之需，进而产生挫败感。尽管现代信息技术，尤其是大数据和人工智能技术，正迅速崛起并重新定义会计行业的工作流程与技能要求，但许多高职院校在教学理念上的转变却相对迟缓。教师们往往对新兴科技缺乏深刻理解与应用能力，致使课堂内容难以适应行业的最新变化。其知识结构仍以传统会计理论为主导，对大数据分析、财务信息化等新兴领域的教学参与度有限，这不仅导致学生无法接触到前沿知识，也使其在学习过程中难以建立起与实际工作相结合的能力。教学理念的滞后直接削弱了学生的职业素养与市场竞争力，致使其在毕业后步入职场时面临适应性差、实践能力不足等问题。

在教学目标设定方面，传统高职教育往往将重心置于知识的掌握与考试成绩之上，而忽视了对学生综合能力培养的长远规划。许多课程设置偏重于理论知识的灌输，忽略了实践能力、沟通能力及团队合作能力等软技能的培养。然而，现代会计工作已不再是单纯的数字计算和报表编制，而是需要具备综合分析能力、决策能力和沟通表达能力的复合型人才。在此背景下，若不及时调整教学目标，将难以满足行业发展的实际需求。鉴于此，教育者必须重新审视并明确教学目标，确保其与行业需求紧密对接。

其次，教学评价体系的问题也在一定程度上阻碍了教学理念的更新。目前，许多高职院校仍沿用传统的评价标准，过分强调学生在理论知识上的考试成绩，而忽视了对其实践能力和综合素质的评估。这种单一的评价方式不仅使学生在课程学习中缺乏足够的反馈与指导，难以及时了解自身的优势与不足，还抑制了他们探索更广泛知识领域和技能的积极性。为了推动教学理念的转变，高职院校应创新评价方式，采用更为全面和多元的评价标准，鼓励学生通过实践展示其综合能力，从而激发他们的持续学习与自我提升动力。

在学生学习态度方面，传统的教学理念同样带来了负面影响。许多学生将学习视为一种负担，而非自我提升的机会，这种心态削弱了他们的学习热情，降低了他们在学习过程中的参与度和主动性。特别是面对大数据与会计结合等新技术、新知识时，学生往往表现出抵触情绪，这无疑为教育者推动教学改革增添了难度。因此，教育者需要设计更具吸引力的教学活动，以激发学生的学习兴趣，引导他们积极参与学习，逐步改变其对学习的消极态度。同时，缺乏对终身学习理念的重视也是教学理念转变的一大障碍。在当前科技迅速进步、知识频繁更新的背景下，学生若未能养成终身学习的习惯，便可能在职业生涯中迅速失去竞争力。然而，在传统教育环境中，许多学生并未形成终身学习的意识，他们往往认为完成学业便意味着学习的终结。这种思维模式显然与当今社会对高素质、持续学习型人才的需求相悖。

因此，高职院校应将终身学习的概念融入教学理念之中，激励学生将学习视为一种持续不断的过程，以适应不断变化的社会需求。

二、课程设计和资源整合不足

在当今数字化与信息化快速发展的时代背景下，高职院校中大数据与会计专业的课程设计及资源整合问题日益凸显，成为制约教育质量提升的关键因素。

首先，课程设计方面的不足主要体现在对学科交叉融合的忽视。随着大数据技术的迅猛发展，会计行业的基础与发展模式正在被重塑。然而，众多高职院校在设计课程时，仍沿用传统会计框架，未能有效融入大数据分析、数据挖掘及信息技术等新兴领域的知识。这种缺乏创新与跨学科整合的课程设计，导致学生难以接触到与实际工作相符的前沿知识与技术，进而在毕业后步入职场时，因缺乏必要的技能与知识而影响其职业发展。

其次，课程内容更新滞后同样是一个显著问题。尽管大数据与会计的结合趋势已十分明显，但许多高职院校的课程设置仍停留在传统的会计原理、财务管理及基础数据处理等基础阶段，未能紧跟行业发展的最新动态。随着行业内对数据处理能力需求的日益增加，现有课程未能及时反映这一变化，导致学生在就业时难以满足用人单位对大数据能力的要求。这样的课程内容不仅无法有效增强学生对实际工作环境的适应性，还使得他们在学习过程中难以获取实用的技能和知识。

此外，随着智能财务的兴起，传统会计课程亟须加强在财务科技方面的知识融合，以适应未来市场的需求。然而，在实践环节的设计上，高职院校普遍存在较大不足。理想的课程应实现理论与实践的有机结合，但当前课程设计大多侧重于理论知识的传授，缺乏真实的项目实践与案例分析。尽管课程中会安排一些实践环节，但这些环节往往形式化且与实际案例脱节，无法让学生在真实的工作环境中锻炼和提升技能。这种浅尝辄止的实践设计，使学生在面对真实工作任务时缺乏必要的实战经验和操作能力。

高职院校资源整合问题亦是影响课程设计有效性的关键因素。在课程实施过程中，高职院校常面临资金、设备、教学材料及师资等多方面的资源短缺。由于资金限制，许多院校无法采购最新的教学工具和软件，这直接阻碍了大数据分析等先进技术的应用，进而影响了课程的教学效果和学生的学习体验。例如，某些课程可能需要专门的数据分析软件、模拟系统或案例库，但资源的匮乏导致学生无法接触和使用这些最新的行业工具和技术。因此，如何更有效地整合教学资源，提高教学设备和软件的使用频率，成为高职院校亟待解决的难题。在师资力量方面，许多高职院校的教师在大数据与会计领域的专业素养和实践经验尚显不足，这导致他们在课程设计时难以整合新兴知识。

教师的专业发展对课程设计至关重要，然而，高职院校教师队伍流动性大，且普遍缺乏相关行业背景和实践经历，这不仅使得教师在教学中难以为学生提供充足的行业背景知识和应用技能指导，还限制了课程内容的创新与更新。为提升课程的吸引力和应用度，高职院校须采取措施，吸引具有行业经验的专业人士参与教学，加强教师与企业之间的交流与合作，以提升教师的实践能力，并推动课程的持续更新。

三、课程内容创新不够

在当今信息化浪潮汹涌澎湃的背景下，大数据技术与人工智能等前沿科技正逐步且深刻地重塑会计行业的面貌，对传统会计实践模式构成了根本性挑战。遗憾的是，众多高等职业技术学院在构建会计课程体系时，似乎仍深陷于传统会计理论与方法的窠臼之中，未能敏锐捕捉并紧跟行业发展的最新动态与迫切需求。课程内容的陈旧与缺乏创新，导致学生所学知识与实践操作之间存在日益显著的鸿沟，这无疑对他们的就业竞争力及职业素养的培育构成了严峻阻碍。

首先，当前高职院校的大数据与会计课程普遍缺乏对新技术的系统性融入与整合。尽管已有部分院校意识到了大数据分析与智能会计技术的战略价值，但在课程规划的具体实施层面，这些前沿要素并未得到充分的体现与覆盖。课程重心依然侧重于传统会计学科的基础理论、财务报表解析等内容，而对于大数据处理、数据挖掘与分析工具、机器学习等现代会计技术手段的传授则显得力不从心。这一现状直接导致了学生在毕业后难以有效驾驭新技术工具以解决复杂会计问题，进而削弱了他们在职场环境中的适应力与竞争力。

其次，课程内容更新速度的滞后亦是亟待解决的关键问题之一。随着社会的持续演进与科技的日新月异，会计行业所需的专业技能与知识体系正经历着快速迭代。然而，众多高职院校在课程设置上的调整步伐却显得相对迟缓，难以与时代的脉搏保持同步。部分昔日适用的传统课程，如今已难以匹配市场对会计专业人才的多元化需求。例如，智能财务、区块链技术在会计领域的广泛应用日益凸显，但此类前沿技术的教育普及在多数高职院校的课程体系中仍显不足，未得到应有的重视。这种内容更新的滞后性，不仅限制了学生对于现代会计业务复杂性的深入理解，也阻碍了他们掌握那些在职场上能够脱颖而出的关键技能。

此外，高职院校在课程内容设计时往往忽视了理论与实际案例及项目的紧密结合。理想的课程架构应实现理论与实践的深度融合，但现实中，不少课程仍局限于单一的理论知识传授，当前学术论述中存在的一个显著缺陷在于真实应用场景案例的缺失，这一现象导致学生在会计理论的学习之旅中，大多局限于对书本知识的汲取，难以将这些理论有效转化至实际操作层面。具体而言，众多课程缺乏与现实企业情境紧密相连的案例分析与讨论环节，致使学生难以对商业世界的真实动态及市场变迁展开深刻洞察。此种理论与实践相脱节的教学模式，往往使学生在踏入职场后遭遇困境，他们在面对实际工作时显得手足无措，实战经验和问题解决能力明显不足。

在课程内容革新的另一维度上，对多元化学习路径的探索同样显得捉襟见肘。传统教学模式过度依赖教师的讲授与课堂内的学习，鲜少给予学生主动探索与学习的机会。而现代教育理念则高度重视学习者的主动性与参与度，遗憾的是，高职院校在此方面的实践尚显薄弱。通过引入项目驱动学习、翻转课堂、案例研究等多样化的教学策略，可以显著增强学生的学习热情与参与度，进而提升其实践操作能力和创新思维。在当前的课程设计框架下，融合这些创新教学手段，能够助力学生更透彻地理解复杂的会计议题，并掌握利用大数据分析工具与技术解决问题的能力。

师资力量在课程内容创新中扮演着举足轻重的角色。众多高职院校在大数据与会计专业的教育领域，面临着缺乏具备深厚行业背景与丰富实践经验的教师的挑战。这导致教师在授课时难以向学生传授最新的行业动态与技术应用，而往往局限于其个人知识与经验的范畴。教学内容往往无法及时反映行业前沿知识与实践需求，进而制约了课程内容的创新性。因此，为了增强课程的前瞻性和实用性，高职院校亟须吸纳具有丰富实战经验的行业专家参与课程设计与教学活动，确保学生能够在学习过程中紧密接触真实的行业动态，从而推动课程内容的持续创新与发展。

课程内容的设计还需着重于跨学科知识的融合与整合。大数据与会计专业本质上是一个跨学科领域，它融合了数学、统计学、计算机科学以及管理学等多个学科的知识体系。尽管如此，众多高职院校在课程规划层面仍固守学科界限，致使不同学科间缺乏必要的交流与协同机制。这一现象阻碍了学生在求知过程中构建全面而系统的知识体系，他们难以将跨学科知识进行有效整合，进而削弱了其在应对复杂问题时的解决能力。鉴于此，高职院校应当深思构建一个更为包容开放的课程体系，旨在促进多学科知识的深度融合，以期提升学生的综合素养，确保他们在未来的职业道路上能够游刃有余地运用各类知识与技能。

四、教学方法创新乏力

在当今这个信息化与数字化日新月异的时代，社会对于高素质会计人才的需求已经超越了传统教学方法所能提供的范畴。特别是在大数据技术和智能化应用日益渗透至会计领域的背景下，学生不仅需要精通传统的会计知识，还必须掌握运用现代技术来分析和处理数据的能力。然而，遗憾的是，众多高职院校在教学方法的设计与执行层面，仍旧过度依赖传统的课堂讲授模式，缺乏多样性和互动性的教学策略，这直接造成了学生学习动力不足以及实践能力欠缺的问题。首要问题在于，传统以教师为主导的教学模式在高职院校中被广泛应用，学生在这一过程中往往扮演着被动接受知识的角色。教师作为知识的传递者，在课堂上占据主导地位，而学生则被动地听，难以参与到知识的构建和探究过程中。这种教学模式不仅削弱了学生的主动学习意愿，还限制了他们对知识的深入理解和应用。特别是在大数据与会计的交叉领域，单纯的理论讲解难以帮助学生构建对复杂数据分析和会计操作的全面认知，反而可能促使学生对课程内容产生漠视和厌倦的情绪。因此，教育者亟须对当前的教学模式进行深刻反思，探索并实践以学生为中心的教学方法，激励学生主动参与到课堂讨论与互动中，以此激发他们的学习热情和自主思考潜能。

此外，课堂教学中实践环节的缺失也是制约教学方法创新的关键因素之一。在会计行业的实际工作中，专业人才不仅需要具备坚实的理论基础,还必须拥有出色的实践能力。然而,许多高职院校在教学活动中往往忽视了实践环节的重要性,理论与实践的结合不够紧密,导致学生在毕业后面对职场挑战时显得准备不足。尽管课程中会安排一些实践活动,但这些活动大多流于表面,缺乏与真实商业环境的深度融合,难以让学生在实践中得到有效锻炼和提升。为了应对这一挑战,高职院校应当积极寻求与企业的合作机会,引入真实的项目和案例,为学生提供一个更加贴近实际的工作环境,从而有效提升他们的实践能力和职业素养。这些合作旨在促使学生在实际操作中灵活运用所学理论,获取更为贴近现实的实践经验,进而全面提升其综合素养与市场竞争优势。就教学模式的多元化探索而言,当前众多高等职业院校仍拘泥于传统的讲授、记忆及应试框架内,此种教学模式的固化导致课程传授趋向机械化,难以有效激发学生的创新思维与批判性分析能力。特别是在大数据与会计学科的教育领域,学生亟须培养对数据深层含义的剖析与解读能力,而这一关键能力的塑造需借助项目驱动法、案例分析、团队协作等多种教学策略的综合运用。具体而言,通过实施项目导向的学习模式,学生在直面现实问题的挑战中,能够深化对理论知识的理解,并在此过程中锻炼团队协作与沟通技巧。此外,翻转课堂的教学模式亦应被积极融入日常教学,鼓励学生预先自学基础知识,课堂时间则侧重于讨论与深度剖析,以此增强课堂互动与学生参与度。

同时,教学资源的匮乏成了制约教学方法创新的显著瓶颈。在现代化教学场景下,诸如多媒体资料、网络学习平台、模拟软件等丰富的教学资源,能够为学生提供更加直观且生动的学习体验。然而,众多高职院校在资源配置上仍显捉襟见肘,难以充分利用现代科技手段优化教学效果。教学工具与教学平台的缺失,使学生在学习过程中难以触及实践操作所需的关键资源与工具。在大数据与会计课程中,专业数据分析软件与模拟系统的运用至关重要,但因资源限制,学生往往仅能在理论层面理解这些工具的原理,而无法进行实践探索。因此，高职院校亟须加大对现代教学资源的投资力度，构建优良的学习环境，为教学方法的创新提供坚实的支撑。

教师的专业成长与培训在推动教学方法革新中扮演着至关重要的角色。当前，部分高职院校教师在大数据与会计领域的实践经验和技术应用能力相对薄弱，这在一定程度上限制了他们在教学中有效传授现代会计知识与技能的能力。教师的专业知识储备与实践经验对其采用的教学策略及课程规划具有直接且深远的影响。若教师在专业知识的更新上有所滞后，将难以向学生传授最新的行业趋势与实用技能，从而影响教学效果。鉴于此，高职院校有必要系统性地安排教师的进修与互动学习活动，积极鼓励教师投身行业论坛与实践探索，以此提升其解决实际问题的能力并丰富教学手段。唯有那些兼具深厚经验与前瞻创新思维的教师，方能有效地在课堂上激发学生的学习潜能与实践热情，促进高质量的教学互动与获得良好的学习成效。

五、教学评价与激励机制不完善

教育评估体系在教育流程中占据着举足轻重的地位，它深刻影响着学生的学习驱动力与成就，同时也紧密关联着教师的教学成效及课程的优化与进步。然而，众多高职院校在这一关键环节面临着诸多挑战，致使评估体系在科学性与全面性上有所欠缺，且激励机制的实施效果不尽如人意，进而对学生的学习热忱与教师的教学激情构成了显著制约。

首先，传统的教学评估模式过度依赖期末考试与总结性评定，这种单一化的评估手段促使学生将注意力更多地集中于应试技巧之上，而非真正意义上的知识掌握与能力跃升。特别是在大数据与会计领域，学生所需的数据分析技能与实操能力难以通过传统的考试形式充分展现。这种评估模式倾向于诱发学生的应付心态，削弱了他们深入探索与运用知识的内在动力，可能致使学生将更多精力倾注于应试准备，而忽视了实际技能的培养与锻炼，进而妨碍了他们在未来职业生涯中解决实际问题的能力构建。因此，高职院校迫切需要对现行的评估体系实施革新，探索多元化的评估路径，以期促进学生的全面发展。

其次，当前的教学评估体系在衡量学生综合素质方面存在明显不足。大数据与会计专业不仅要求学生具备坚实的专业知识基础，还对他们的分析能力、创新思维及团队协作能力提出了更高标准。然而，众多评估标准仍拘泥于知识的记忆与理解层面，忽视了对实践与创新能力的综合评价。这种片面的评估方式不仅限制了学生潜能的充分释放，也削弱了教师教学效果反馈的可靠性。例如，诸多课程未能纳入实践项目的考核，导致学生的团队协作与项目管理能力无法得到客观评估。这种状况严重阻碍了高职院校在培养应用型人才方面的目标达成，难以满足市场对人才需求的多元化趋势。

再次，高职院校在教学评估过程中缺乏及时有效的反馈与改进机制。一个理想的教学评价体系应当被构想为一个不断演进的动态流程，它依赖于持续的评估活动与反馈机制，旨在适时调整教学策略与内容，进而推动教学质量的显著提升。然而，当前众多高职院校的评价体系普遍倾向于在学期末进行集中性评估，这一做法忽视了过程性评价的重要性，进而造成教师在教学过程中难以及时捕捉到学生的学习状态与所面临的挑战。此状况无疑阻碍了教师适时调整教学策略与方法的可能性，从而无法确保教学效果获得即时且有效的提升。

最后，激励机制的匮乏同样是制约教学评价效果的重要因素。在高等职业教育领域，一个设计得当的激励机制对于激发学生的学习积极性和主动性具有至关重要的作用。然而，当前众多高职院校在激励机制的构建上仍显不足，激励措施的缺失无疑削弱了学生的学习动力。许多高职院校在评价学生时，往往过度聚焦于学术成绩与奖学金等单一维度，而忽视了对学生的实践能力与综合素质的全面激励。学生在学习过程中缺乏足够的正向反馈，这不仅可能导致他们对学习内容失去热情，还可能阻碍其形成良好的学习习惯。

因此，学校应当在评价体系中引入多元化的激励手段，例如鼓励学生积极参与实践项目、创新竞赛以及团队合作等活动，通过积极的激励措施来激发学生的学习兴趣与参与度。同时，教师的评价与激励机制同样亟待完善。教师在教学环节中占据核心地位，其教学积极性与创新能力的发挥直接关乎学生的学习成效。然而，当前许多高职院校在评估教师教学效果时，依然主要依赖于学生的期末考试成绩与课程反馈，而对于教师在教学过程中的表现、教学方法的创新以及实践能力的综合考量则显得不足。这种片面的评价方式往往抑制了教师的教学创新动力，使其难以根据学生的实际需求灵活调整教学策略。

综上所述，当前高职院校在大数据与会计专业的教学评价与激励机制领域内面临诸多挑战，诸如评价方式单一、忽视综合素养的培养、反馈机制滞后、激励措施不健全等。这些问题不仅削弱了学生的学习动力与实践能力，也阻碍了教师的教学创新与个人发展。因此，高职院校亟须从多维度入手实施改革，构建一个更加科学、全面且多元化的教学评价体系，激励师生主动投身于教学改革之中，并增强评价与激励机制的灵活度与实效性。通过这些举措，学校将更有效地激发学生的潜能，促进其综合素质的跃升，为学生的职业生涯奠定坚实的基础。同时，优化教师的评价与激励机制，将有力提升他们的教学质量与专业水平，进而推动高职教育的整体进步与可持续发展。

六、实践教学环节缺失

随着会计领域向数字化转型的加速推进及大数据技术的蓬勃兴起，强化学生的实际操作技能已成为当务之急。然而，在构建课程实践体系的过程中，众多高等职业院校正面临一系列严峻挑战，主要体现在校内实践教学资源的稀缺以及与外部机构合作共建的实践基地数量不足的问题上。针对这一现状，对校内外实践教学环节进行全面而深入的审视，并剖析其对学生能力培养的具体效应，是提升高职院校大数据与会计专业教育质量的关键举措。

校内实践教学环境的构建情况对培育学生的实际操作能力具有决定性意义。具体而言，对会计手工模拟实验室、会计电算化实验室、大数据与会计综合实训平台等校内实践教学设施的建设状况进行细致考察，可为我们的分析提供宝贵的实证基础。当前，不少高职院校的实践教学设施建设进度滞后，硬件配置往往难以契合现代会计及大数据分析的实际操作需求。以会计手工模拟实验室为例，尽管已配备基础设施，但在实验设备的先进性、充足度及维护保养方面存在显著短板，致使实践教学活动难以全面有效地开展。同时，会计电算化实验室的计算机硬件及软件系统更新缓慢，部分院校仍沿用陈旧的会计软件，导致学生难以掌握行业前沿技术和工具。至于大数据与会计综合实训平台，更是未能有效融合大数据分析与会计实务，未能将理论知识与实践操作紧密结合。这些问题的存在，严重阻碍了学生在实践操作能力的提升，使其难以掌握与实际工作岗位紧密相关的专业知识和技能，进而对其未来的职业生涯发展构成不利影响。

此外，实践教学资料的完备程度也是校内实践教学环节不容忽视的重要一环。实践教材、案例库等教学资源的匮乏，直接制约了学生在实践操作过程中的信息获取和知识运用能力。许多高职院校未能紧跟行业发展步伐，及时更新和丰富实践教材，导致学生在实训中所依据的理论知识与实际工作需求脱节。在构建案例库的过程中存在的缺陷，严重阻碍了学生获取真实且具有代表性的会计实务案例来进行深入分析与实际操作的机会。由于实践教学资源的匮乏，学生在实践课程中难以实现知识的有效转化与能力的显著提升，这进一步加剧了校内实践环节薄弱所带来的不利影响。同时，校外实践教学基地的建设状况也是制约学生实践能力发展的关键因素之一。

当前，尽管众多高职院校已与合作机构建立了若干校外实践教学基地，但这些基地在数量、质量、合作的深度与广度等方面均存在明显不足，直接限制了学生在实践学习中的体验与机遇。一方面，部分校外基地尚处于建设初期，缺乏明确的实践岗位规划及高效的实习导师配备，导致实习内容与成效难以达到预期标准。另一方面，一些企校间的合作多流于形式，缺乏深层次的合作机制与实质性的教学内容交流，致使学生在实习期间所能获得的专业知识与实战经验极为有限。

在实习安排中，学生常被分配至与会计及大数据分析关联度不高的岗位，难以获取实用的职业技能与经验，进而对其毕业后的就业竞争力产生不利影响。在审视校外实践教学基地的功能与存在的问题时，不难发现，职业素养培养与实习就业一体化的缺失尤为突出。在当今的教育环境中，职业素养的培养已成为学生顺利就业的关键要素，而校外实践基地的设计理念应紧密围绕这一目标进行构建。然而，众多实践基地在岗位设置上未能充分反映职业素养培养的需求，实习内容多局限于基础性的日常事务，缺乏应对复杂业务挑战的实践机会。此外，在实习指导教师的配置上，缺乏具备丰富实战经验的行业专家进行专业指导，这进一步削弱了学生在实习过程中的学习成效，导致校外实践教学基地在提升学生职业素养与就业能力方面未能充分发挥其应有的作用。鉴于当前学生在实际工作认知及适应能力方面存在的局限性，高职院校亟须着手填补校内与校外实践教学领域的空缺。为此，探索并实施针对性的改进策略显得尤为重要。首要举措在于，高职院校应加大对实践教学基础设施的投资力度，致力于实验室硬件条件的升级与优化，确保这些设施能够充分适应现代会计与大数据分析领域的最新要求。

深化与业界及同类院校的合作亦是关键一环，旨在联合开发紧贴行业标准与市场需求的实践教学材料及案例库，从而丰富实践教学资源的多样性与实用性。同时，积极拓展与更多优质企业的合作网络，共建一批高水平的校外实践教学基地，确保实习岗位与专业技能培养的无缝对接。这不仅为学生提供了贴近实际的业务操作环境，还强化了实习指导教师队伍的专业素养与实战经验。在此基础上，实施定期的培训与实践相结合的模式，进一步提升实习指导的质量，确保学生在实习期间能够系统掌握专业知识，并获得丰富的实践操作经验，为其未来职业生涯的顺利发展奠定坚实基础。

第四章　冰山理论在金课建设中的应用

一、冰山理论与学生能力评估

（一）显性知识与隐性知识的区分

冰山理论以一种生动的比喻，深刻揭示了知识结构的层次性特征，其中显性知识类比为冰山之巅，赫然显现于水面之上，便于直观感知、量化分析及评估。此类知识通常囊括具体技能、既定事实、明确规则及操作流程，诸如会计学专业学生在课程学习中需掌握的标准化会计原则、财务报表编制规范等。它们具备可量化性，易于通过考试、测验等手段加以验证。特别是在大数据时代背景下，对于学生而言，熟练掌握 SQL 编程语言、运用数据分析工具（诸如 Excel、Tableau 等）等显性技能，已成为提升其数据处理能力的关键，同时，对这些技能的掌握情况亦可通过实践操作及在线测评等方式得到有效检验。

相较于显性知识的直观性，隐性知识则犹如冰山之下深邃莫测的部分，难以直接观测且量化困难。它涵盖了个体的直觉洞察、丰富经验、内在态度、价值观，以及在特定情境下的灵活应用能力。在大数据与会计的交叉领域，学生的批判性思维能力、问题解决技巧、沟通协调能力，以及在复杂数据情境下的决策制定能力，均构成了不可或缺的隐性知识。尽管这些能力难以通过传统考试手段直接衡量，但它们在推动学生职业发展、提升实际工作绩效方面，发挥着举足轻重的作用。例如，在真实职场环境中，会计专业人士往往需要基于海量数据进行深度剖析，并迅速作出决策，以支撑企业的财务规划及战略部署。此时，他们不仅依赖于显性知识的运用，更需调动自身的隐性知识，如过往经验的积淀、对行业动态的敏锐洞察以及独到的分析视角。

因此，在大数据与会计专业金课建设过程中，如何有效平衡显性知识与隐性知识的培养，成了教育工作者亟待解决的重要课题。首要之务，在于课程设计层面的深度融合，旨在确保学生既能扎实掌握必要的技术技能，又能同步培育批判性思维和问题解决能力。除了传授会计准则及专业软件操作技能外，还应注重引导学生挖掘并发展其隐性知识，通过案例分析、团队协作、模拟实战等多种形式，全面提升学生的综合素质与专业能力。在教育实践中，教师应当采取案例分析、小组讨论、项目实施等多种教学策略，旨在激活学生的思辨能力和创新意识，引领他们在具体情境中探索知识的应用之道，并在此过程中深化隐性知识的积累。此外，构建一个促进学生思考与对话的课堂氛围同样至关重要，教师应鼓励学生主动质疑并积极参与到知识探索的进程中，通过引导学生开展深度反思与探索活动，培养其独立思考与批判性思维能力，进而促进隐性知识的有效构建。

在探索与创新教育模式的过程中，教育者须持续反思并更新教学理念，以灵活应对社会需求的快速变迁。针对大数据与会计专业的金课建设而言，这一要求尤为迫切。为了提升教育质量并培育全面发展的专业人才，我们需深刻认识并有效整合显性知识与隐性知识的独特价值，科学规划教学资源配置策略，并积极探寻多元化的教学模式。此举措旨在培养出既掌握深厚专业知识基础，又兼备卓越创新思维与实践能力的复合型人才。唯有如此，学生们方能在未来职业生涯的广阔舞台上，充分利用其专业领域的竞争优势，从容应对日益繁复的财务领域挑战，进而为社会的繁荣与经济的持续增长作出积极贡献。

（二）隐性知识的培养与评估方法

隐性知识是个体在经验、直觉、价值观及情境应用能力等方面的综合体现，因其难以量化或直接评估而常被忽视。然而，在现代会计与数据分析这一复杂多变的环境中，隐性知识的重要性愈发凸显。鉴于此，教育者须采取多样化的策略与方法，以有效促进学生隐性知识的培养与提升。

首先，通过案例学习和基于项目的学习（Project-Based Learning，PBL），教师能将理论知识与实际问题巧妙结合，引导学生在实践中灵活运用所学知识。在大数据与会计专业教育中，教师可设计贴近实际行业需求的项目任务，如模拟真实的财务分析项目。在此过程中，学生须在小组内设定目标、分配任务、搜集并分析数据，共同应对复杂的财务问题。这不仅要求学生运用会计知识和大数据工具，还须在团队协作中交流思想、碰撞创意，从而有效积累隐性知识。这种沉浸式学习体验有助于学生在真实情景中提升思维能力、决策能力和问题解决能力，进而丰富其隐性知识库。

其次，反思性学习被视为提升隐性知识的重要途径。教师可鼓励学生在每次项目或学习活动结束后进行深入反思，记录学习历程、遇到的问题及解决方案。反思过程中，学生须有意识地回顾思考与行动，总结经验教训，识别自身优势与不足。这不仅能加深学生对所学知识的理解与掌握，还能引发对自身能力的深入思考。通过撰写反思日志或参与小组讨论，学生在分享学习经历中可获得新见解，培养更为全面的思维模式和自我意识。此外，教师还可利用同行评估和自我评估的方式，助力学生在评价他人工作中提升判断力和批判性思维。同行评估要求学生在评估同伴项目或作业时，从多个维度进行分析并提出反馈，这一过程对于培养学生的分析能力和批判性思维至关重要，它使学生在评估过程中学会综合考虑不同的观点和方法。此外，自我评估机制能够促使学生在反思自身学习成果时，主动识别知识与技能的掌握程度，并明确改进的方向。

再次，在教学过程中，教师应重视营造一个鼓励创新与讨论的学习环境。开放的课堂氛围能够激发学生的好奇心与探索精神，使他们更愿意挑战传统思维，尝试解决复杂问题。此外，通过组织多样化的学习活动，如小组讨论、辩论赛、角色扮演等，学生在互动中能够更深刻地体会到知识的灵活性和深度，从而促进隐性知识的形成与发展。社交学习同样是隐性知识培养的重要途径。通过与同学、教师及行业专家的交流，学生能够获取多样化的视角与经验，从而加深对知识的理解。在这种交流中，隐性知识的传播与吸收往往更为自然，学生在互动中展现出的思考方式和解决问题的能力，正是隐性知识的具体体现。

最后，教师可以通过建立长期的学习社区，促进学生与校外行业专业人士的接触和互动。通过安排企业实习、行业研讨会、在线讲座等活动，学生能够进一步拓宽视野，深化对隐性知识的理解和应用，为未来的职业发展奠定坚实基础。学生不仅能够将理论知识与实践相结合，还能够借此机会获取行业前沿的信息与宝贵经验，进而激发他们的探索欲与学习动力。此类实践性参与活动，不仅极大地丰富了学生的学习历程，而且为积累隐性知识提供了优越的平台。

（三）综合评估的必要性

根据冰山理论，知识的构成可明确区分为显性知识与隐性知识两大类别。显性知识如同冰山露出水面的部分，易于观察与量化，包括标准会计准则、财务报表格式等具体内容。而隐性知识则隐藏于水下，涵盖个人的直觉、经验、价值观以及在特定情境中的应用能力等深层次要素。尽管显性知识的掌握至关重要，但隐性知识的培养同样不容忽视。在大数据与会计专业的教学实践中，为全面评估学生的能力，必须综合运用多种评估手段，构建多元化的评估体系。这一体系的首要优势在于能够更全面地反映学生的学习状况与能力水平。传统教育模式中的评估方式往往局限于考试与测验，这种单一手段难以充分衡量学生在实际工作中所需的多维度能力。为克服这一局限，可引入开放性问题的设置。这类问题鼓励学生在解答过程中充分展示其思考路径。通过此类问题，不仅能检验学生对显性知识的掌握程度，还能观察他们在解决复杂问题时所展现的批判性思维和提出创造性解决方案的能力。例如，在大数据分析课程中，教师可设计与行业相关的案例问题，要求学生提出解决方案并论证其合理性。这样的设计促使学生深入思考，锻炼其在数据分析中的判断力与决策力，进而促进隐性知识的培养。

此外，项目展示作为一种有效的评估手段，有助于学生将理论知识应用于实际情境。在大数据与会计专业的课程规划中，教师可设计与行业需求紧密结合的项目任务，要求学生以团队形式共同完成。项目展示不仅让学生有机会运用显性知识（如使用特定软件进行数据分析），还能在团队合作中培养隐性知识，如沟通能力、协作能力和时间管理能力等。在展示过程中，学生须展示自己的成果，并回应同学和教师的提问，这一过程有助于锻炼他们的应变能力和逻辑思维能力。综上所述，通过构建多元化的评估体系，结合开放性问题和项目展示等评估手段，可更全面地评估大数据与会计专业学生的能力，促进显性知识与隐性知识的共同发展。

评估不仅是对学生学习成果的检验，更是其综合能力的全面体现。团队合作作为一种有效的评估手段，为教师提供了观察学生在合作过程中的角色定位、贡献程度及对团队整体目标理解情况的窗口。在团队合作中，学生能够通过互动学习，面对问题时集思广益。这种合作行为不仅能激发学生的创造力，还能培养他们的责任感和领导能力。例如，在关于财务报表分析的大数据项目中，团队成员可以分工明确，互相协作，各自承担不同任务。通过观察团队协作的过程及最终成果，教师可以综合评估每位学生在团队中的表现及其所展现的隐性知识。综合评估的另一重要方面涉及自我评估与同行评估。自我评估能够提升学生的自我反思能力，使其明确自身在学习过程中的优缺点及改进方向。教师可以引导学生在项目完成后撰写反思报告，评估自己在项目中的表现、遇到的困难及解决方案。这一过程有助于学生更全面地理解自己掌握的显性知识及须深化的隐性知识。同时，同行评估使学生在评价同伴工作时吸取经验，提升判断力和批判性思维，进一步促进隐性知识的积累。从长远来看，基于冰山理论的能力评估将为高职院校培养符合行业需求的高素质人才提供重要支持。

高职院校应充分利用综合评估手段，不断培养学生的综合能力，以满足行业发展的需求。基于冰山理论的综合评估体系能够有效促进学生适应现代工作环境的变化，使他们在职业生涯中不是仅限于处理数字，而是能够运用数据进行战略决策，进而增强企业的竞争力。教师在评估学生能力时，应当重视显性知识与隐性知识的融合，并采用多元化的评估手段来全面培养学生的问题解决能力。总体而言，一个完整且全面的评估体系不仅能够帮助教师准确把握学生的学习状况，还能促进学生的自我认知与能力提升。通过实施有效的评估措施，学生能够清晰认识到自己在隐性知识方面的积累与短板，从而积极主动地寻求改进。这种自我驱动的学习模式，对于培养学生的终身学习能力至关重要，使他们能够在未来的职业生涯中更好地适应变化，勇于迎接挑战。

二、冰山理论对教师教学方式的影响

冰山理论起源于心理学领域，它以一种形象化的方式，深刻揭示了人类行为背后所隐藏的深层思维、信念及价值观。在教育领域，尤其是在高职院校的大数据与会计专业教学中，冰山理论为教师构建了一个强有力的分析框架，有助于他们深入洞察学生的学习需求，并理解教学实践的多样性与复杂性。通过运用冰山理论，教师能够更有效地把握学生的学习动机，同时明确教学内容与方法的多样化对于提升学生学习体验及专业素养的重要性。因此，我们有必要深入探讨冰山理论如何影响教学内容与方法，从而进一步提升教育质量，促进学生的全面发展。

首先，冰山理论揭示了知识结构的深层次特征。对于大数据与会计专业的学生而言，他们表面上可能在学习基本的会计原理、数据分析技能等显性知识，但实际上，学习动机、职业规划、对行业的理解等深层因素，均会对其知识的吸收与理解产生显著影响。因此，教师在教学中必须充分认识到这一点，并通过多样化的教学内容来激发学生不同层面的学习兴趣。除了传统的会计课程和数据分析内容外，教师还可以引入数据挖掘、人工智能在会计中的应用等新兴领域的知识，这种跨学科的整合不仅能丰富学生的知识体系，还能提升他们对未来职业的适应能力，使他们在面对快速变化的行业环境时，能够灵活应用所学知识和技能。

其次，教学方法的多样化是实现有效教学的关键所在。在传统的教学模式中，教师通常扮演知识的传授者角色，而学生则处于被动接受的状态。然而，基于冰山理论，教师应更加关注学生的参与感和自主学习能力，采用翻转课堂、项目式学习、小组讨论等多种教学方法，引导学生在实践中主动探索和解决问题。以翻转课堂为例，学生可以在课前预习相关知识，课堂时间则用于深入的讨论和案例分析。这种方法不仅提高了学生的学习积极性，还鼓励他们在小组中开展合作，共同解决问题。通过上述分析，我们可以看出，冰山理论在高职院校的大数据与会计专业教学中具有重要的应用价值，它有助于教师深入理解学生的学习需求，优化教学内容与方法，从而提升教育质量，促进学生的全面发展。

除传统的课堂教学方式外，技术手段在实现教学内容与方法的多样化方面也发挥着重要作用。大数据与会计专业作为一个与信息技术紧密相关的领域，教师可以充分利用数据分析软件、在线模拟工具、人工智能平台等，以增强教学内容的丰富性和教学形式的多样性。例如，在会计课程中，教师可以引导学生使用会计软件进行实际操作训练，让他们在模拟的真实工作环境中锻炼技能。这种实践导向的教学方式，能够帮助学生更直观地理解理论知识，进而提升他们的操作能力和就业竞争力。

此外，教师在教学中还可以引入实践案例，模拟真实的工作场景，使学生在掌握会计知识的同时，提高应对复杂问题的能力。同时，教师应关注学生的个体差异，实施差异化教学。冰山理论指出，每个学生的背景、能力和兴趣均有所不同，因此，教师应根据学生的实际情况，灵活调整教学策略。例如，对于基础较弱的学生，教师可以提供更多的个别辅导和支持，以帮助他们跟上课程进度；而对于能力较强的学生，则可以布置更具挑战性的任务，以激发他们的潜能和创造力。这种差异化教学策略不仅满足了每位学生的独特需求，还有助于营造积极向上的学习氛围，增强班级的凝聚力。

通过设置不同难度的学习任务和活动，教师可以确保每个学生都能在自己的水平上得到发展，从而提高他们的学习兴趣和参与度。在评估方面，教师还应建立多样化的评估机制，以强化学生对知识的理解和应用。评估不仅是对学生学习成果的检验，更是全面了解学生能力的重要手段。因此，教师可以设计包括开放性问题、项目展示、同行评估和自我评估在内的多元化评估方式，以全面、客观地评价学生的学习成效。

培养学生的自主学习能力至关重要。教师需要着重培养学生积极主动的学习态度，促使他们在课堂外继续探索大数据与会计相关领域的知识。具体而言，可以采取以下措施：

1. 鼓励参与课外活动

教师可鼓励学生积极参加和大数据与会计相关的研讨会、讲座、竞赛活动。通过这些活动，学生能够拓宽视野，增强实践经验，进而提升其专业素养与综合能力。

2. 建立学习小组

教师可以引导学生组建学习小组，鼓励他们在小组内部进行知识分享与讨论。这种互动不仅能够形成良好的学习氛围，还能使学生在相互学习中共同成长。

这种教学模式的优势在于，它不仅能够帮助学生全面掌握显性知识，还能有效促进隐性知识的积累。同时，该模式还注重培养学生的批判性思维、创新能力和实践操作能力。随着教育理念的转变，教师在教学过程中应积极融入多样性与个性化的元素，以适应不断变化的社会需求。这将为学生的专业发展和职业生涯奠定坚实的基础，助力他们在未来的道路上取得更加辉煌的成就。

三、冰山理论与学生学习动力

在大数据与会计专业的金课建设中，尤其是在激发学生学习动力方面，冰山理论展现出巨大的潜力和重要价值。该理论为教育者提供了一个全新的视角，使他们能够更深入地理解学生的学习动机。通过这一视角，教育者能够识别并关注那些影响学生学习动力的隐性因素，进而采取有效策略来激发学生的内在动机，从而提升教学效果和增强学生的专业素养。学生的内在动机是影响其学习成效的关键因素之一。与外在动机（如分数、奖励）不同，内在动机源于个人对学习内容的兴趣和对知识的内在渴望。在大数据与会计专业中，学生须掌握大量复杂的理论知识和实用技能。若教师仅依赖传统的灌输式教学，往往难以有效激发学生的内在学习动力。因此，教师应依

据冰山理论,关注并挖掘学生内心深处的学习动机。为实现这一目标,教师可采取以下策略:

首先,建立相关性是关键。教师应将教学内容与学生的现实生活和未来职业目标紧密联系起来,让学生感受到所学知识的实际意义。例如,在讲授会计理论时,教师可结合真实的企业案例和大数据分析的应用,展示这些知识如何在实际中帮助企业决策并提升竞争力。这种关联不仅能加深学生对知识的理解,还能激发他们的学习兴趣,使其认识到掌握这些知识对职业发展的重要性。

其次,教师应注重创造积极的学习环境。一个积极的学习氛围能够显著提高学生的学习动力。为此,教师可鼓励学生积极参与课堂互动和讨论,促使他们表达自己的观点和看法。通过小组合作学习,学生可在实践中相互交流、分享理解和经验,从而增强对学习内容的兴趣和参与感。

再次,教师还应营造一种宽容的课堂文化。在这种文化中,学生能够在犯错中学习,从错误中汲取教训,进而不断提升自我。综上所述,冰山理论为大数据与会计专业的金课建设提供了重要启示。通过关注并挖掘学生的内在学习动机,教师可制定更为有效的教学策略,从而激发学生的学习兴趣,提升其专业素养。

从次,在大数据与会计专业教学中,教师可帮助学生设定与课程内容紧密相关的短期及长期目标,以此激励学生持续努力。同时,提供真实的问题情境也是提升学生内在动机的有效途径。具体而言,教师可设计与行业相关的实际案例,让学生在解决这些问题的过程中灵活运用所学知识。这种情境教学能够使学生深刻感受到知识的实用性和重要性,从而增强其学习动力。例如,通过小组合作开展企业财务数据分析项目,学生不仅能在实际操作中巩固所学知识,还能在团队合作中体验到成就感和满足感。这种方法实现了理论与实践的有机结合,极大地提高了学生的学习兴趣,促使他们在解决问题的过程中自发地探求新知。

最后，在激发学生内在动机的过程中，教师还应注重对学生的反思与评价进行引导。鼓励学生进行自我反思，有助于他们认识自身的学习过程及取得的成就，从而增强学习的内在驱动力。为此，教师可引导学生定期撰写学习日志，记录个人在学习中的感受、收获及有待改进之处。

冰山理论为大数据与会计专业的精品课程建设提供了新的视角，尤其在激发学生内在学习动机方面，该理论的策略实施显得尤为重要。具体而言，教师可以通过以下方式有效提升学生的学习动力：

1. 建立相关性

确保教学内容与学生的实际需求紧密相关，以增强其学习兴趣。

2. 创造积极的学习环境

营造一个开放、包容的学习氛围，鼓励学生积极参与和表达。

3. 提供个性化支持

根据学生的不同需求，提供有针对性的指导和帮助。

4. 设定明确的目标

为学生设定清晰、可达成的学习目标，以引导其学习方向。

5. 设计真实的问题情境

通过模拟真实的工作场景，让学生在实践中学习和成长。

6. 引导学生反思

鼓励学生进行自我评估和同伴评估，以促进其深度思考和自我提升。

随着学习动力的不断提升，学生不仅能够更好地掌握显性知识（如专业知识与技能），还能在隐性知识（如思维能力、团队协作能力等）的培养上取得显著进步，从而为未来的职业生涯奠定坚实的基础。

第五章　AI 与冰山理论融合下的
金课建设框架

一、金课建设的总体理念

（一）以学生为中心的个性化教学

金课构建的核心指导思想聚焦于以学生为主体的个性化教学模式。此模式之精髓，在于深切理解并尊重每位学生的个性化差异与学习需求，同时巧妙融入 AI 技术以强化教学流程，旨在精确匹配学习资源、定制个性化学习轨迹，为每位学生量身打造最优发展路径的学习策略，进而充分激活其学习潜能与内在动力。此过程绝非技术元素的简单堆砌，而是深刻体现了教育理念、教学策略与技术手段的高度融合与创新，其灵感汲取自冰山理论，巧妙地将教学活动的显性层面（涵盖课堂教学、作业设计、考试评价等）与隐性层面（诸如学习动机、学习策略、学习态度等内在因素）融为一体。通过 AI 技术的深度介入，对隐性层面进行精细剖析与针对性干预，有效促进显性层面教学成效的显著提升。

AI 通过全面搜集并分析学生的学习行为数据，包括学习时间分配、内容偏好、作业完成情况、考试成绩、课堂互动频次等，构建出精确的学生学习特征画像。这一过程有助于识别学生的个性化学习风格、能力水平、知识掌握状态及潜在的学习障碍。基于这些详尽的数据洞察，AI 系统能够智能推送定制化的学习资源，如个性化教学视频、针对性练习题、精选阅读材料等，助力学生精准补漏，强化知识掌握。更进一步，AI 系统还能依据学生的学习进展与成效反馈，灵活调整学习路径，提供高度个性化的学习规划，确保每位学生都能依据自身节奏与偏好，享受高效而愉悦的学习旅程。针对教学模式单一化可能引发的学习效率减退及学习动力下滑现象，需采取策略以规避。具体而言，针对具备较强学习能力的学生群体，人工智能（AI）系统能够定制化推送更具难度的学习任务与深化内容，激励其进行自主探索与创新学习，进而充分挖掘其学习潜能。而对于学习能力有待提升的学生，AI 系统则能提供详尽的学习辅导与基础任务，助力其循序渐进地掌握知识点，并逐步树立学习自信。

AI 技术在个性化反馈与评价领域亦展现出显著优势。基于学生的学习进展，AI 系统能够即时提供针对性的反馈，精准指出学习短板与改进空间，并提出建设性意见。同时，AI 系统还能以客观公正的标准评估学生的学习成效，有效规避主观偏见的干扰，为教师优化教学策略提供坚实的数据支撑。

金课建设的终极目标是培育学生的核心素养，增强其学习力与问题解决能力。AI 与冰山理论相结合的个性化教学模式，通过对学生学习历程的精确剖析与个性化介入，为每位学生量身定制适宜其发展的学习路径，激发其学习潜能与主观能动性，最终实现因材施教，确保每位学生都能在学业上取得成就，实现自我价值。这一目标的实现，既依赖于先进技术的支撑，也离不开教师专业素养的提升与教学理念的革新。教师需主动接纳新技术，持续学习探索，共同构建一个以学生为核心，以个性化学习为引领的教育生态体系。此融合不仅局限于技术层面，更关乎教育理念与实践的深度融合。尤为关键的是，教师需实现教育理念的根本性变革，即由传统的"教授导向"向"学习导向"过渡，从"以教师为核心"的教学模式转变为"以学生为主体"的学习模式。此转变旨在确保学生在教育活动中占据主导地位，促使学习过程转化为一个学生主动探究、积极投入及愉悦成长的历程。

（二）技术融合与创新驱动

技术融合与创新驱动理念倡导将人工智能技术深度融入课程教学的各个环节，旨在实现教学内容呈现、教学方法实施及教学评价反馈的全面智能化升级。此举旨在推动教学模式的创新与教学手段的革新，进而显著提升课程教学的智能化水平和整体教学效果。这一过程并非简单的技术堆砌，而是对教育教学理念、方法、技术和资源的系统性整合。它借鉴了冰山理论的深层思考，将显性教学活动（如课堂讲授、作业布置、考试考核等）与隐性教学要素（如学习动机、学习策略、学习态度以及教师的教学风格等）紧密结合。通过 AI 技术，可以对冰山之下那些不易直接观察的隐性因素进行精准分析和有效干预，从而更有效地提升显性教学活动的效率和效果，进而实现金课建设目标，即培养全面发展的优秀人才。

在教学内容呈现方面，AI 技术能够实现个性化学习资源的精准推送。通过对学生学习数据的深入分析，AI 系统能够准确识别学生的学习风格、知识掌握程度和学习进度，进而为每个学生推荐最适合的学习资料，如视频课程、在线练习题、阅读材料等。这种个性化的学习资源推送方式，能够极大地提高学习效率，助力学生取得更好的学习成果。为规避"大锅饭"式教学模式可能引发的资源过度消耗及学习成效不佳的问题，我们可借助 AI 技术进行精准化教学。具体而言，AI 能够依据学生的学习进度，灵活调整学习内容的难度与节奏。对于学有余力的学生，AI 可提供更高阶的学习资源；而对于学习遇到困难的学生，则提供更为基础的学习材料及详尽的学习指导。

在教学方法的实施上，AI 技术具备多重辅助功能：

（1）智能化课堂互动。AI 能根据学生的课堂表现及提问，迅速调整教学内容与方法，确保教学的针对性与有效性。

（2）智能化作业批改与反馈。通过 AI 技术，教师可减轻批改作业的负担，学生则能获得更及时、个性化的学习反馈，有助于其及时纠正错误，提升学习效果。

（3）虚拟实验环境与模拟场景构建。AI 技术可构建丰富的虚拟实验环境及模拟场景，为学生提供更为多元、生动的学习体验，增强其实践能力与问题解决能力。

在教学评价反馈层面，AI 技术同样展现出巨大潜力：

（1）客观精准的学习效果评估。AI 系统能深入分析学生的学习数据，客观评估其学习成绩，为教师提供全面、详尽的学生学习情况分析报告。

（2）个性化学习反馈与建议。AI 不仅能指出学生的学习问题与不足，还能提供个性化的改进建议，助力学生自我学习与提升。

AI 与冰山理论的融合，更在于教育理念的革新与教学模式的转型。它要求教师从传统的"教"向"学"转变，从"以教为中心"向"以学为中心"过渡，充分发挥学生的主体地位，使其成为学习的真正主人。同时，教师还需掌握 AI 技术的应用方法，有效利用 AI 工具辅助教学，以提高教学效率与质量。这一转变需经历长期的学习与实践过程，要求教育工作者不断学习新知识、新技能，积极探索 AI 技术在教育领域的应用路径，以期最终实现金课建设目标。

（三）德技并修与全面发展

金课建设的核心理念聚焦于德才并进，全面发展，采纳冰山理论作为理论导向，旨在会计教育领域实现知识传授与价值导向的深度融合。此理念着重指出，教育目标不仅限于锤炼学生坚实的会计专业技能，更需加强对学生的职业道德、职业素养及创新精神等潜在素质的培养，以期在专业技能与综合素养间达成和谐并进，孕育出既具备专业能力又拥有高尚品德的会计精英。这一过程超越了单一技能训练的范畴，而是构成一个促进学生全方位发展的系统性项目，其中，冰山理论被深刻融入教学实践，借助 AI 技术对冰山之下那些不易察觉的隐性因素实施精确剖析与有效调控，进而优化显性教学活动的效能与成果，最终达成金课建设的核心愿景：培育出满足社会发展需求的优质会计人才。

冰山理论将知识体系比喻为一座冰山，其中，水面之上的部分代表显性的、直观的知识与技能，如会计专业知识、技术操作等；而水面之下则隐藏着更为复杂的隐性要素，包括学习动机、职业道德、团队协作能力、创新潜能、抗压韧性、问题解决技巧及职业归属感等。传统会计教育往往侧重于水面之上的显性内容传授，即会计专业知识与技能的教授，却在一定程度上忽略了水面之下隐性素质的培养，导致毕业生虽掌握了一定专业技能，但在职业道德、职业素养等方面存在短板，难以适应现代会计行业对人才的多元化高标准。

AI 技术的引入，为解决这一难题开辟了新路径。AI 能够深度解析学生的学习数据，精准捕捉学生的学习偏好、知识掌握程度、学习进度及所遇挑战。基于这些详尽的数据洞察，AI 系统能够智能推荐个性化学习资源，如定制化学习视频、针对性练习题、深度案例分析等，助力学生查缺补漏，深化知识点理解。尤为重要的是，AI 还能作为教师的重要辅助工具，对学生的隐性素质进行更为精细化的培育，为会计人才的全面发展注入新的活力。在金课过程中，AI 技术的融入旨在强化学生的多项关键能力，具体包括：通过 AI 赋能的模拟实训环境，提升学生的沟通交流、团队协作及问题解决能力；借助 AI 驱动的职业道德培育模块，引导学生树立正向的职业伦理观念与价值体系；利用 AI 提供的个性化反馈机制，增强学生的自我认识，提升其自信心与应对压力的能力。值得注意的是，AI 在此过程中的角色并非替代教师，而是作为教师的得力助手，助力教学任务的优化执行。教师依然是教学活动的核心驱动力，负责全面分析学生的学习动态，审慎评估 AI 系统的提议，并依据学生的个性化需求提供针对性的指导与支持。

教师须与时俱进，采纳更加灵活多变、成效显著的教学策略，将 AI 技术无缝融入教学各个环节，实现真正意义上的个性化教学，推动学生综合素养的全面提升。同时，学生亦须主动投身学习过程，展现出积极的学习态度、批判性思维能力及自我提升意愿，全面提升个人综合素质。唯有教师、学生与技术三者协同努力，方能达成"德技并蓄，全面发展"的教育目标，培育出兼具高尚职业道德、精湛专业技能及创新精神的高素质会计人才，为社会进步贡献力量。这一目标的实现，需要持续的资源投入与教学模式的积极探索，旨在培养出能够适应未来社会发展需求的复合型人才，而非单一技能的专业操作者。

二、金课建设的具体目标

（一）知识目标

在知识目标层面，AI 与冰山理论的融合为金课建设奠定了新的基础，其目标在于构建一个深度融合人工智能技术与会计专业知识的全新课程知识体系。此体系旨在使学生能够系统且深入地掌握大数据分析、人工智能应用基础，以及财务会计、管理会计、财务管理、审计等会计领域的核心知识。进一步地，学生将通过这一体系了解会计行业的前沿技术与发展趋势，并最终具备运用所学专业知识和 AI 技术解决实际问题的能力。

这一过程并非传统会计知识的简单堆砌，而是对传统会计教育的一次深刻变革。它将人工智能技术与会计实践紧密结合，致力于培养适应未来社会需求的复合型会计人才。为实现这一目标，我们须在课程设计、教学内容、教学方法及考核评价等多个维度进行全面改革与创新，充分利用AI技术的优势，以提升教学效率和学习效果，从而培养出能够在数字化时代胜任复杂会计工作的专业人才。

在课程知识体系构建方面，首要任务是打破传统学科边界，实现人工智能技术与会计专业知识的有机融合。传统会计课程体系主要聚焦于财务会计、管理会计、审计等领域，而AI技术的融入要求我们在课程中增设大数据分析、AI应用基础等模块。这些模块将使学生了解人工智能技术的基本原理、算法和应用场景，并鼓励他们将所学应用于会计领域。为此，我们需要重新设计课程内容，精选教材和教学资源，并根据行业发展趋势不断更新课程内容，以确保其先进性和实用性。例如，我们可以将机器学习算法应用于财务预测、风险评估等领域，将深度学习技术应用于财务报表分析、审计数据分析等方面，以及将自然语言处理技术应用于财务文本分析、合同审核等场景。在构建课程体系时，还需注重知识点之间的逻辑联系，以形成一个完整且系统的知识网络，避免知识的碎片化。

在教学内容方面，我们强调理论知识与实践应用的结合。传统会计教学往往过于偏重理论知识的传授，而忽视了实践应用的重要性。在当前的学术探讨中，一个显著的问题在于对实践技能培养的忽视。对此，融合AI技术的金课建设策略显得尤为重要，它强调将理论知识与实际案例紧密结合，促使学生在掌握理论知识的同时，能够灵活运用这些知识来解决实际问题。

（二）技能目标

技能培养的主旨在于增进学生在会计学范畴内的实践操作能力，旨在确保他们能够精通并有效运用一系列现代技术媒介，诸如会计信息系统、大数据解析工具以及人工智能财务管理平台，以执行诸如会计核算、财务分析、风险预估及决策辅助等核心职能。此目标不仅聚焦于提升学生的技术驾驭能力，还着重于培养其在实际应用情境中不可或缺的综合素养，尤其强调团队协作、沟通技巧、自我驱动学习以及创新创业能力的塑造，进而使学生能够灵活适应当前会计行业日新月异的工作环境及市场需求。

熟练掌握各类会计信息系统与技术媒介是实现技能培养目标的基石。科技进步已深刻改变了会计领域的作业模式，传统的手工记账手段已逐步被高效的会计信息系统所替代，当代的财务管理与核算活动高度依赖于专业软件的支持。因此，在课程设计上，必须加大对会计信息系统操作实践的强调力度，例如，通过运用高效的数据录入与处理工具，助力学生精通日常会计工作的技能要领。同时，大数据解析工具的融入为学生开辟了新的分析维度，他们不仅要洞察财务数据所蕴含的信息，还需掌握运用数据分析技巧进行深层次的财务剖析。通过对海量财务数据的细致解读，学生能够辨识发展趋势、发掘潜在商机并实施风险预警，从而为科学决策提供坚实的依据。

此外，人工智能财务管理系统的应用构成了技能培养目标达成的另一关键环节。随着人工智能科技的蓬勃发展，财务领域正逐步接纳智能化的决策辅助系统。这些系统凭借数据处理、模式识别及预测分析等强大功能，显著提升了工作效率与决策精准度。在教学实践中，应规划专门的教学单元，以引导学生认知人工智能在财务管理中的应用场景，如财务报表自动化编制、风险智能管控、预算智能规划及财务前瞻预测等。通过剖析真实案例，促使学生深刻理解人工智能技术与传统会计理论的融合之道，进而提升其在职场中的综合竞争力。为了确保学生能够达成既定的技能目标，单纯依赖理论知识的传授是远远不够的，实践教学项目及实习构成了不可或缺的一环。在实践教学项目中，学生能够置身于真实的项目场景，将所学知识付诸实践，进行实战操作。这些项目形式多样，既包括模拟学校运营的课外实践，也涵盖真实的财务咨询项目，以及与合作学校合作开展的财务管理实际案例分析。此类实践不仅让学生亲身体验会计工作的实际流程，还能促使他们在实践中发现问题并即时解决，从而有效提升其应变与问题解决能力。

同时，提升学生的自主学习能力也是技能目标的重要组成部分。鉴于会计行业的快速发展，新工具、新技术和新方法不断涌现，学生必须具备持续学习的能力，以紧跟行业发展步伐。在教学过程中，我们鼓励学生培养自主学习的习惯，利用线上学习平台、专业书籍和行业报告等多种途径获取知识。教师可通过指导学生制订个人学习计划，鼓励其设定学习目标并进行自我评估，进而增强其自主学习能力。

最后，创新创业能力的培养也是金课建设中技能目标的重要维度。当前，企业对会计人员的要求已不再局限于传统的财务管理和会计核算，创新能力的重要性日益凸显。在课程设计上，教师可通过组织创业项目、商业模拟竞赛等活动，激发学生的创造力，培养其创新精神。探究新颖的商业模式及财务管理策略，旨在为学生提供一个综合性的学习路径。此过程不仅能够激发他们的创新思维潜能，还促使他们在实践环节中磨炼领导才能与项目管理技能，进而为他们的职业道路拓展更为宽广的前景。

（三）素养目标

在探讨金课建设的素养导向时，其核心不是仅局限于传授学生专业技能与知识框架的构建，而是进一步聚焦于学生综合素养的全方位塑造，特别是在职业道德观、思维能力以及社会使命感等领域的深度拓展。此目标旨在借助一套综合性的教育路径与实践环节，为学生构筑坚实的职业道德基石，激发其批判力、创新力与数据思维的潜能，提升其信息素养与数字时代的适应能力，并强化其社会责任感与团队协作精神，为学生的职业生涯长远发展及个人全面进步铺设稳固的基石。

　　首先，构筑坚实的职业道德品质是会计专业人才培养不可或缺的核心要素。职业道德不仅是行业规范与职业操守的直接体现，更是学生未来职场生涯中安身立命之本。教育实践中，教师应当持续强化诚实守信、廉洁自律及信息保密等核心价值观念，促使学生深刻领悟作为会计专业人士所承载的职责与使命。为实现这一目标，课程设计可融入实际案例分析，诸如探讨因职业道德失范引发的经济损失与法律后果的案例，让学生在具体情境中直观感受职业道德的分量。同时，邀请业界精英举办职业道德专题讲座，以其亲身经历为镜鉴，加深学生对职业道德的认同感与践行意愿。

　　其次，批判性思维、创新思维与数据思维的培养构成了素养目标的关键维度。面对日新月异的商业环境，单纯依赖书本理论已难以应对复杂多变的工作挑战，学生需具备独立分析问题、解决问题的能力。通过组织课堂辩论、案例研讨等互动环节，激励学生主动思考、勇于质疑，培养其批判性思维能力。同时，鉴于人工智能与大数据技术的蓬勃发展，数据思维的培养显得尤为重要。教学中，可设置数据分析实践课程，引导学生在海量财务数据中挖掘价值信息，培养对数据的高度敏感与深刻洞察。此外，创新思维的激发同样不可或缺，通过举办创新竞赛、团队项目等实践活动，激发学生的创造力与想象力，为其在会计领域的创新发展提供无限可能。促进学生开展创新性思维活动，鼓励他们跨越传统框架的束缚，深入发掘会计领域的崭新途径、工具及观念。在当前教育背景下，信息素养与数字素养的提升已成为不可或缺的核心目标。随着数字化时代的全面到来，高效获取、精准分析及有效利用信息已成为衡量职业成就的重要标尺。在金课建设的过程中，教师应当着重培育学生的信息素养，传授信息检索的精湛技艺，教导他们评估信息的真实性和实用性，并训练他们如何恰当地运用信息来指导决策过程。策划信息素养教育项目和实践活动，让学生在模拟的真实场景中实践所学知识，进而提高他们对复杂信息环境的适应能力。

此外，增强学生的社会责任感和团队合作精神也是素养教育的重要组成部分。在全球化日益加深的今天，社会责任感已成为现代职场人士的重要特征。教育体系应引导学生认识到，他们的工作不仅关乎个人与企业的利益，更与社会的整体进步紧密相连。因此，学校可开展服务学习项目、社会实践等活动，让学生亲身参与社会服务，将理论知识应用于解决社会问题的实践中，从而深化他们的责任感和使命感。团队合作精神的培养同样不容忽视，因为在现实的工作场景中，卓越的团队合作能力是实现集体目标的关键。在教学过程中，可以通过组织小组讨论、项目协作等形式，营造积极的合作学习氛围，使学生在集体互动中学会倾听、交流和协作，从而提升他们的团队协作能力。

最终，综合素养的提升不仅是职场成功的决定性因素，也对学生的个人全面发展具有深远意义。通过强化职业道德教育，学生将在职业生涯中建立起坚实的信誉与口碑；而通过批判性思维与创新能力的培养，学生将能够在复杂多变的工作环境中迅速适应变化，勇于面对挑战。通过优化信息处理能力和提升数字技能水平，学生将在信息洪流中习得高效获取与运用信息的策略，进而增强工作效率；同时，通过强化社会责任感及促进团队协作精神的培育，学生将能够在集体环境中扮演建设性角色，促进个人与集体共同进步与发展。

三、金课建设的详细定位

（一）行业需求导向

金课的构建绝非孤立进行或墨守成规，而是紧密依托会计行业的演进态势、教育机构的人才需求，以及大数据与人工智能技术在会计实践中的最新应用，进行灵活的策略调整与体系优化。这一过程呈现出鲜明的动态特征，要求持续关注行业生态的变迁，深刻洞察教育机构对大数据与会计专业人才的特定需求，主动探索专业转型与市场需求的高度契合路径。

首先，对行业动态的敏锐捕捉构成了行业需求导向的基石。会计行业作为经济发展的晴雨表，其需求随着经济结构转型、新兴技术的涌现以及全球化的深入而不断演变。因此，金课的构筑不应局限于传统的会计知识体系，而应主动追踪行业前沿动态，掌握最新的会计准则、政策导向及技术应用趋势。为此，构建一套全面的行业信息搜集体系至关重要，包括定期执行行业调研任务，邀请业界权威举办专题讲座，紧密跟踪行业协会的发布公告，以及深度剖析行业报告与市场预测，确保及时把握行业动态与人才需求变迁，从而保持课程设置的时效性与前瞻性，有效规避人才培养与市场脱节的风险。

其次，深入剖析教育机构对大数据与会计专业人才的需求是实现行业需求导向的核心环节。当前，教育机构对会计人才的需求已超越传统的账务处理和报表编制范畴，转而更加重视数据分析能力、风险管理技能以及人工智能技术的实践应用能力。因此，金课的构建需深入教育机构内部，精准把握其具体的用人标准。这可通过多元化的调研手段加以实现，如组织座谈会与教育机构直接对话，派遣教师实地探访教育机构，设计并发放问卷调查，以及细致分析教育机构的招聘公告，等等。通过这些调研活动，能够全面获取教育机构对人才技能组合、知识结构框架及综合素质等方面的具体期望，为金课的精准设计与持续优化提供坚实的实证基础，确保教育调整精准对接实际需求。诸如，教育机构可能亟须掌握大数据分析技能的会计人才，以深入挖掘并分析财务数据；抑或需求具备人工智能应用专长的会计工作者，执行财务预测及风险管理等职能，此类需求均应在教学规划中得到明确体现。重申之，确保专业转型与市场需求紧密相连，是实现以行业需求为导向教育变革的关键所在。

为确保专业转型与市场需求的高度契合，建立与企业间的长期战略伙伴关系至关重要。这包括协同制定人才培养方案、联合课程研发、合作开展实践教学活动及科研项目等。通过与企业的深度合作，可及时掌握最新的技术趋势与管理思想，进而有效融入教学实践。此合作模式不仅能提升人才培养质量，还能促进产学研深度融合，驱动会计行业的创新发展。此外，通过校企合作培养路径，使学生在校期间即有机会参与实践项目，提前融入职场环境，积累宝贵实践经验，实现教育与就业的无缝衔接。最终，构建一个持续性的反馈与迭代体系对于金课建设而言具有举足轻重的地位。这一过程绝非一次性的努力即可达成，而是要求持续不断地进行优化与精进。为此，必须设计并实施一套健全的反馈系统，旨在定期汇聚来自学生群体、教育机构及教职员工的多元化反馈，并以此为基准，不断对课程内容与教学策略进行革新。

此体系涵盖了针对毕业生的长期追踪调研，通过与企业人才培养需求的深度比对分析，精准识别出存在的差距与不足。在此基础上，迅速调整课程结构与教学内容，确保专业的转型升级能够紧密贴合市场动态与行业要求。唯有通过这样不懈的改进与完备，方能切实体现金课建设以行业需求为引领的核心理念，培育出既符合市场需求又具备强大竞争力的会计专业人才，进而为会计行业的长远发展注入不竭动力。

（二）高端人才培养

金课建设的核心战略聚焦于高端会计人才的培育与吸纳，旨在构建一支具备全球视角、精通国际惯例，且能驾驭并引领会计行业未来发展的卓越会计人才梯队。此目标不仅强调专业技能的精进，更着重于全面提升学生的综合素养、创新思维及国际竞争力，以培养能在全球化浪潮中应对复杂挑战的顶尖人才。为达成此愿景，需在教师队伍建设、课程体系构建、教学法革新及国际合作等多个维度实施系统性布局与资源投入。

首先，高端人才的孵化依托于一支高水平的教师队伍。金课建设的关键在于吸引并培育一批拥有国际视野、深谙国际会计标准与实践，且熟练掌握大数据与人工智能技术的前沿教育者。为此，教育机构需加大人才引进力度，提供具吸引力的薪酬福利与职业成长平台，以吸引国内外顶尖学者加盟。同时，积极促进现有教师的职业发展，激励其参与国际学术对话、投身科研探索，拓宽学术视野并提升国际影响力。具体措施包括资助教师参与国际学术会议、海外研修，以及建立与国际高等教育机构的合作关系，开展联合培养项目，从而确保教学团队的整体素质与国际接轨。

其次，课程体系的规划需紧密贴合高端人才培养的需求。金课不应局限于传统会计知识的传授，而应着重于激发学生的创新能力、批判性思考及解决复杂问题的能力。课程内容需广泛覆盖国际会计标准、国际税收、国际金融、大数据分析、人工智能应用等领域，并通过与实际案例的深度融合，强化学生的实践能力培养。此外，课程设置还需着重培养学生的国际视角，通过引入跨国案例分析、国际交流项目等，拓宽学生的国际视野，增强其跨文化沟通与协作能力。

综上所述，金课建设在教师队伍与课程体系方面的优化，不仅关注数量的扩充，更强调质量的提升，力求选拔并培养兼具深厚专业知识、丰富实践经验、国际视野及创新精神的优秀教师，以及设计一套能够全面培养学生综合素质、创新能力及国际竞争力的课程体系。在构建会计教育课程体系时，可考虑增设诸如国际会计案例分析、跨文化沟通交流等专门课程，旨在深化学生对国际会计环境及文化多样性的认知。

国际合作在培育高端会计人才方面扮演着不可或缺的角色。为此，金课建设应积极推进国际合作进程，与海外顶尖学府及会计组织建立稳固的合作关系，共同开展学生互访、教师交流及科研合作等项目。通过这些国际合作举措，学生不仅能够拓宽国际视野，紧跟国际会计领域的最新动态，还能学习并借鉴先进的教学与管理经验。例如，可探索与国外高校联合设立双学位项目，或安排学生赴海外会计机构实习，以积累宝贵的国际工作经验。这些国际合作项目无疑将显著增强学生的国际竞争力，同时提升学校的全球影响力。高端会计人才的培养是一个系统工程，需学校、教师及学生三方面的协同努力。学校应提供充足的资源保障与支持，教师应秉持高度的责任心与敬业精神，认真履行教学职责，而学生则需以勤奋学习和积极实践的态度，不断提升自我。唯有如此，方能确保高端会计人才培养目标的顺利实现。为了孕育出一支兼具国内与国际视野、精通国际惯例，并能有效应对未来诸多挑战的杰出会计人才队伍，从而有力推动国家经济的蓬勃发展及会计行业的持续进步，我们须采取更为有效的培养策略。此过程不仅聚焦于会计专业技能的精进，更深层次地，它致力于塑造一批在全球舞台上具备强劲竞争力的复合型人才。这些人才将在未来错综复杂的经济格局中扮演至关重要的角色，引领会计领域向更高阶段迈进，开创行业发展的新篇章。

（三）技术与应用并重

在积极引进大数据、人工智能等前沿技术的同时，我们需更加注重这些技术在实际会计工作中的应用，旨在确保理论学习与实践操作的紧密结合，从而培养出既掌握先进技术又具备实际操作能力的复合型会计人才。这一目标的实现，并非简单的技术堆砌，而是需要在课程设计、教学方法、师资力量等多个方面进行系统性的改革与创新，以实现技术与实践的深度融合。

大数据技术和人工智能技术的引入是金课建设的基石。在信息时代背景下，会计工作已不再是简单的账目记录和报表编制，而是需要运用先进的技术手段进行数据分析、风险管理和决策支持。因此，金课建设必须积极吸纳大数据技术和人工智能技术，并将其融入会计专业的教学内容中。

为实现这一目标，我们需要更新课程体系，增加与大数据和人工智能相关的课程，如数据挖掘、机器学习、深度学习、自然语言处理等。同时，应结合会计专业的实际应用场景，如财务预测、风险评估、审计分析等，教授学生如何在会计领域应用这些技术。课程内容的更新需与时俱进，紧跟最新技术发展趋势，以避免技术滞后。此外，我们还应选择合适的教学平台和软件，如常用的数据分析软件、财务软件和人工智能平台，为学生提供实践操作的环境。然而，仅引入技术是不够的，更重要的是强调技术的实际应用。金课建设的核心目标是培养具备实际操作能力的会计人才，而非仅掌握理论知识的技术人员。因此，在教学过程中，我们需注重技术的应用实践，将理论知识与实际操作紧密结合。

具体而言，教学内容不应局限于理论讲解，而应注重实践案例分析、模拟训练和项目实践。例如，可以设计基于真实数据的项目案例，让学生运用所学的大数据技术和人工智能技术进行数据分析。通过这种方式，学生能够在实践中深化对理论知识的理解，提升实际操作能力，从而更好地适应未来会计工作的需求。为达成此目标，教师需采取恰当的教学方法，如项目式学习、案例分析法及模拟仿真等，旨在提升学生的实践能力和问题解决能力。为确保技术与会计实践的紧密结合，金课建设需加强与企业的深度合作。作为会计人才的最终使用者，企业的需求与反馈对课程设置及教学内容的改进具有决定性影响。因此，建立长期稳定的合作关系至关重要，具体包括共同制订人才培养方案、联合开发课程、协同开展实践教学及科研项目等。学校可提供真实的会计数据与案例，为学生提供宝贵的实践学习机会；同时，企业也可参与课程设计与教学过程，为教师提供行业发展趋势及人才需求方面的宝贵反馈。通过深度合作，可确保课程内容与市场需求高度契合，培养出真正符合企业需求的会计人才。

为全面评估学生的学习成果，确保学生真正掌握技术与实践能力，需设计科学合理的考核方案。此方案旨在同时考核学生的理论知识与实践能力，实现理论与实践的有机结合，从而达成金课建设的目标。具体而言，考核方案应包含以下两个方面：

第一，理论知识的考核。通过笔试、在线测试等形式，检验学生对会计学科基础知识的掌握程度，以及运用理论知识分析问题的能力。

第二，实践能力的考核。通过案例分析、实验操作、实习实训等方式，评估学生在实际操作中的表现，包括技能熟练度、问题解决能力和团队协作能力等。

通过实施上述措施，我们能够培养出既掌握先进技术又具备实际操作能力的复合型会计人才。这些人才将更好地适应会计行业发展的新趋势和新要求，为国家经济发展作出更大的贡献。

四、金课建设的内容要素

（一）教学内容的更新

1. 引入大数据技术

金课构建的核心部分，聚焦于深度整合大数据分析的基础理论与技术于会计教育课程体系之中，旨在达成理论与实践的无缝对接，进而培育学生驾驭大数据技术于财务决策领域的实践能力。此过程并非浅尝辄止地增设几门大数据相关课程，而是要求对既有的会计课程体系实施全面的审视与革新，确保大数据分析的思维模式与技术框架能渗透财务报表剖析、成本管控、预算规划等各项核心环节，构筑一个连贯且全面的知识架构体系。

首先，对当前会计课程实施系统性的评估与重构。传统会计教学偏重手工账务处理、报表编制等基础技能训练，然而，大数据时代背景下，会计人才的培养需求已发生根本性转型。因此，必须对课程内容进行精简与升级，剔除陈旧或冗余部分，并融入大数据分析的新知识点，诸如数据清理、预处理技术、数据可视化表达、统计建模等。这一过程并非孤立地增设新课程，而是将大数据分析的核心理念与技术无缝对接至现有会计课程中，使学生在掌握财务报表分析、成本管控、预算规划等传统会计知识的同时，亦能运用大数据技术实现更为深入且全面的洞察。例如，在财务报表分析课程中，可采纳大数据分析手段，深度挖掘报表数据，揭示传统方法难以捕捉的异常情况及潜在风险；在成本管控课程中，运用大数据技术剖析成本数据，追溯成本波动根源，并提出针对性的优化策略；在预算规划课程中，借助大数据技术进行预测分析，提升预算编制的精确度。

其次，在课程设计中系统引入大数据分析的基本原理与技术路径。大数据分析不仅关乎软件工具的应用，更深层次在于理解其背后的理论支撑与方法体系。因此，课程须全面阐述大数据分析的全过程，涵盖数据采集、存储管理、处理分析、结果解读及可视化呈现等关键环节，以期学生在理论与实践的双重滋养下，成长为适应大数据时代需求的会计专业人才。在课程设计中，必须全面阐述多种主流的数据分析手段，诸如描述性统计、回归分析、聚类分析及分类分析等，并紧密联系会计专业的具体实践情境，通过实例剖析这些方法在会计领域的实际应用。教学重心不应仅仅局限于理论知识的传授，而应着重强化实践操作环节，使学生能够亲身参与数据分析过程。为此，须构建相应的实验平台与数据资源体系，例如，提供真实的财务数据集，供学生进行实战演练与分析。

再次，教师亦须具备扎实的大数据分析能力，以便有效指导学生进行数据探索，并及时解答学生疑惑。为了切实提升学生的大数据分析技能，必须采用多元化的教学策略。传统的讲授式教学已难以满足大数据时代对会计人才的迫切需求，需引入更为灵活多变的教学方法，如项目导向学习、案例研讨、模拟实训等。项目导向学习能将复杂的会计难题细化为多个小型项目，使学生在实践中逐步掌握相关知识与技能；案例研讨则有助于学生深化理论理解，提升其问题分析与解决能力；模拟实训则可模拟真实的会计工作环境，促使学生提前适应职场需求。这些教学方法不仅能激发学生的学习兴趣，还能有效提升学习效率，并培养其实践操作与创新能力。

最后，建立健全的教学支撑体系。这涵盖配置先进的计算机硬件与软件设施，构建丰富多样的数据资源库，以及制定完善的教学管理体系。先进的计算工具与软件可为学生提供优越的学习条件，丰富的数据资源可为学生的实践学习提供坚实支撑，而完善的管理制度则可确保教学活动的有序开展。

2. 融合新兴技术应用

为了适应会计行业当前的迅速变革及技术的深度融入，我们的课程体系亟须纳入并详尽阐述云计算、人工智能、区块链等新兴技术在会计领域的实际应用案例。此举旨在通过深入剖析这些技术，不仅激发学生的创新思维，而且提升其实践兴趣，确保学生在掌握传统会计知识的同时，亦能具备前瞻性的技术应用能力，以从容应对未来职场的种种挑战。

首先，云计算作为一项颠覆性技术，正迅速重塑传统会计的业务流程与管理模式。在金课建设过程中，我们应通过引入云计算技术的应用实例，帮助学生深刻理解云计算如何增强会计数据存储与处理能力。具体而言，通过引入云会计软件的教学案例，学生将了解云平台如何实现数据的实时更新、报表的自动化生成以及远程协作的便捷性。这些不仅极大提升了工作效率，还显著降低了成本，尤其契合中小企业财务管理的实际需求。在课堂上，安排学生实操主流云会计工具，进行模拟账务处理，这不仅能让学生掌握新技术的使用方法，还能激发他们对现代会计职能转变的深刻洞察。此类实践案例不仅让学生亲身体验到云计算带来的便利，还将他们的学习与真实的商业环境紧密相连，进而提升其创新思维与解决实际问题的能力。

其次，人工智能的引入同样是金课建设中不可或缺的一环。在会计领域，人工智能的应用主要体现在数据分析、审计流程的智能化以及风险控制等方面。通过展示智能审计、预测分析、财务智能管控等成功的 AI 应用案例，学生不仅能认识到人工智能在提高工作效率、降低人工成本方面的作用，还能深刻理解 AI 在复杂数据分析过程中的重要性。课堂上，可结合机器学习算法、数据挖掘技术等具体 AI 工具，让学生亲身参与实践，从而深化对人工智能在会计领域应用的认识。

此外，区块链技术在会计行业的应用正日益成为一股新潮流。通过阐述区块链在财务透明度、数据安全性及智能合约等方面的显著优势，我们可引导学生认识到这一技术在会计领域的颠覆性潜力。具体而言，区块链技术能够实现不可篡改的交易记录，这对于提升财务数据的可信度、有效打击财务欺诈行为具有深远意义。

值得注意的是，在融合新兴技术应用的过程中，知识的传授固然重要，但思维方式的培养更为关键。教师应积极引导学生开展批判性思考与创新探索，鼓励他们围绕新兴技术展开深入讨论、积极提出问题。例如，探讨新兴技术在会计领域可能遭遇的伦理挑战、法律风险及其对传统会计职业的潜在影响等。通过多维度的视角，学生能够全面理解技术应用的复杂性与多样性。在团队合作项目中，学生可分组讨论，就某项新兴技术提出独到见解与应用设想，从而在实践中不断丰富自身的知识体系，提升创新能力。除课堂教学外，学校还应积极组织相关的实践活动与课外拓展，如举办技术应用分享会、技术创新大赛、提供实习机会等，以增强学生的实践经验和职业素养。与学校合作，让学生有机会参与到真实的项目中，进一步加深对新兴技术的理解与应用。

3. 更新教材与案例库

为达成既定目标，仅凭沿袭传统教学手段及沿用老旧教材案例的做法，显然力不从心。确保教学内容的时代性与实用性，在构建高质量金课的过程中占据着举足轻重的地位，这要求我们不断对教材与案例库进行迭代升级，使之与行业的演进轨迹和技术革新保持紧密衔接。这一举措不仅涉及对现有教材实施全面而深入的修订与扩充，还亟须构建一个能够动态调整、持续优化升级的案例库体系，将行业前沿动态、尖端技术应用及实战经验无缝融入教学流程之中，从而切实促进理论与实践的深度融合。

首先，教材内容需紧密追踪行业发展趋势与技术革新步伐。既往的会计教材往往滞后于行业演进，内容老化，难以贴合当下会计领域对人才能力的迫切需求。在人工智能与冰山理论的引领下，金课建设需对现有教材展开系统性修订，着重纳入大数据分析、人工智能、云计算、区块链等前沿技术在会计实践中的应用内容。这些内容的传授不应仅停留于理论层面，而应结合生动具体的案例，以直观易懂的方式阐述这些技术在会计领域的实施方法与操作流程。例如，在财务报表分析章节，可穿插利用机器学习算法预测财务风险的实际案例；在成本管理章节，可介绍利用大数据技术实施成本分析与控制的策略；在审计章节，则可阐述人工智能技术在审计流程中的应用与操作。此外，教材内容更新亦需关注国际会计准则的最新变动，及时将最新准则与规定融入教材，确保学生能够掌握国际会计领域的最新知识与技能。为此，教材编纂团队需时刻关注行业动态，积极参与行业论坛与学术交流，并高效地将最新研究成果与实践经验融入教材之中。

其次，案例库的建设与更新是提升教学内容实用性的另一关键环节。传统案例库常因缺乏时效性与针对性，难以准确反映行业最新趋势与技术变革。在金课建设中，构建一个能够动态更新、持续优化的案例库至关重要，该案例库应广泛覆盖不同行业、不同规模教育机构的会计实践案例，以全面反映会计领域的多样性与复杂性。鉴于行业动态的演进与技术革新之需，当前会计教学材料的革新变得尤为迫切。为确保教学内容的前沿性与实用性，所选案例应紧密贴合实际，充分展现最新的会计理论与实践技巧，旨在促进学生深入理解和熟练掌握相关知识技能。构建全面的会计案例库，是一个系统性工程，它要求广泛搜集并整理涵盖企业财务报表、审计报告、内部控制框架等多维度的会计实例，进而通过深度剖析与综合归纳，提炼案例中的精髓与普遍规律。

案例库的维护与更新需形成常态机制，确保不断吸纳新近发生的案例，同时对既有案例实施修订与优化，这要求构建一套高效的案例搜集与迭代体系，并配置专业的分析团队，负责案例的筛选、深度剖析及综合提炼。为保障教材与案例库的品质，建立健全的审核流程至关重要。所有教材与案例的编撰需历经专家团队的严格审阅，验证其内容的精确性与权威性。此外，教材与案例的迭代更新亦需经过同样严谨的审核流程，以维持其与时代发展和技术进步的同频共振。为此，需组建一支由具备深厚实践经验和卓越学术背景的专家构成的审核团队，定期评估教材与案例库，提出建设性修改建议。

（二）教学方法的改进

1. 采用混合式教学模式

推进金课构建，核心聚焦于强化学生的批判性思维能力、创新能力及实践操作技能，其中，混合式教学法被视为达成此目标的一条关键路径。此模式并非线上与线下教学的简单堆砌，而是深度融合两者的优势，巧妙运用网络课程、在线论坛、虚拟实验环境等多元化平台，为学生提供更为灵活多变、高效且便捷的学习途径，旨在优化学习体验，提升学习成效，培养出符合未来社会需求的复合型人才。

混合式教学法能够有力克服传统线下教学的局限性。传统模式受限于时空条件，教学内容往往较为僵化，难以满足学生的个性化需求。相反,混合式教学法凭借线上学习平台,提供了海量的学习资源,包括网络课程、教学视频、电子化教材、案例数据库等,使学生能根据自身的学习节奏与偏好,随时随地开展学习活动,实现真正意义上的个性化学习。例如,基础知识的自学可通过在线课程完成,学生可反复研习直至精通;而复杂概念的深入探讨与互动,则可在实体课堂中进行,教师据此实施精准辅导。这种灵活的学习安排,不仅满足了不同学生的需求,也显著提升了学习效率。

此外,混合式教学法还促进了师生间及学生间的互动与合作。通过在线论坛、学习社群等平台,师生、生生之间的交流渠道得以拓宽。学生可以自由提问,与教师及同学展开深入讨论,分享学习感悟,营造了一个积极向上的学习生态。教师亦能借助在线平台,实时掌握学生的学习动态,针对具体问题提供个性化的指导与支持。这种线上线下交融的互动模式,不仅增强了学生的参与感,还有效培养了学生的团队协作精神与沟通能力。针对特定的会计案例分析项目,一种高效的学习路径首先涉及在线环境的文献回顾与数据搜集,随后转入课堂环境,通过小组讨论与思维碰撞深化理解,最终借助线上渠道提交研究报告,并接受教师的专业反馈及同伴间的互评。这一融合了线上与线下元素的混合式学习策略,对于增强学生解析问题与应对挑战的能力具有显著成效。

进一步而言,混合式教学模式凭借其对技术工具的深度整合,为教学质量的提升开辟了新路径。在人工智能与冰山理论的双重视角下,金课的构建迫切需要吸纳前沿科技,以强化教学效率与品质。该模式巧妙融合虚拟现实(VR)、增强现实(AR)、人工智能(AI)等先进技术,为学生打造了一个既直观生动又高度互动的学习环境。具体而言,VR技术可模拟真实的会计作业场景,让学生在虚拟实践中锤炼实操技能;AI技术则能实现个性化学习资源的精准推送,为学生提供定制化的学习指引;而在线学习平台的数据分析与模拟功能,则有助于学生深化理解并牢固掌握专业知识与技能。这些技术的融入，极大地丰富了教学内容的表现力，使之更加贴近学生的认知习惯，进而提升了学习成效。

此外，混合式教学模式的成功推行，还要求教师角色与教学方法的根本性转变。教师必须掌握线上教学的技术与策略，有效利用网络平台促进知识传授与互动沟通。同时，教师需不断更新教学内容，确保课程紧密贴合行业最新动态与技术发展趋势，实现教学内容的时代性。鼓励学生进行自主学习与探究式学习，培养其独立学习与批判性思维的能力，亦是教师的重要职责，这要求教师不断自我提升，以适应混合式教学模式的新要求。

最终，混合式教学模式的顺利实施，离不开学校层面的全力支持。学校需构建健全的网络平台体系，确保网络环境的稳定与技术设备的充足配备；同时，加强对教师的专业培训，提升其线上教学技能，为混合式教学的广泛应用奠定坚实基础。教育机构应当构建一套完善的教学管理体系，以保障混合式教学模式的顺利实施并达到预期效果。唯有在教育机构给予足够的技术支撑与资源配置的前提下，混合式教学模式方能充分展现其独特优势，从而在培育符合未来社会需求的多维度会计专业人才方面发挥积极作用。

2. 强化实践教学环节

强化实践教学环节的核心目的，不仅在于提升学生的动手操作技能，更旨在弥合当前教育体系中理论与实践之间的鸿沟。鉴于科技的迅猛发展与行业需求的日新月异，传统课堂教学模式已难以全面满足学生成长及市场对会计人才多元化需求。因此，通过融入实验、实训以及项目式学习等多元化的实践教学策略，能够显著增强学生的综合素养，培育其在职场中应对复杂问题的能力，为其日后的职业生涯铺设稳固基石。

实验与实训构成了实践教学的核心板块，它们使学生得以在亲身实践中深化对理论知识的领悟与应用。传统会计教育偏重理论知识的传授，而对实践技能的培育有所忽视，这往往导致学生在面对实际职场挑战时感到力不从心。在推进金课体系构建的过程中，强化实验与实训环节，能让学生置身于仿真的会计环境中，如通过设立模拟会计实验室，让学生亲身体验账务处理、财务报表编制等流程，熟悉会计软件的操作，并掌握财务流程的各个细微环节。此类实践活动不仅锤炼了学生的动手能力，还促使他们在操作中发现问题、探索解决方案，进而提升其应变与问题解决能力。

此外，项目式学习作为另一项重要手段，对于全面塑造学生的综合能力具有显著效果。在项目式学习中，学生需围绕特定项目展开团队合作，从策划、实施到成果展示，每一步都要求他们运用所学知识进行深入分析与问题解决。这一模式鼓励学生主动参与，不仅能够有效提升其理论联系实际的能力，还促进了团队合作与沟通技巧的培养。例如，设计一项模拟企业财务管理的项目，要求学生综合运用会计知识，并结合市场营销、成本控制等多领域内容，从市场调研、成本分析到财务预测进行全面研究，最终提交一份详尽的财务报告。在此过程中，学生不仅深化了对会计知识的理解，更学会了跨学科知识的整合应用，为成为具备全面素养的会计人才奠定了坚实基础。在多学科融合的教育框架下，经济学等领域的广泛知识被融入项目式学习中，这一跨学科的策略不仅拓宽了学生的知识视野，而且有效促进了其综合思维能力的培养。进一步地，加强实践教学环节的一个有效途径是通过构建校企合作桥梁来实现。鉴于众多教育机构在日常运营中常遭遇复杂的会计挑战，它们可以与其他教育机构建立协作关系，为学生提供进入这些机构实习的机会，让他们亲身体验真实的财务操作环境。在此过程中，学生能够积累宝贵的实践经验，并掌握实际应用中的会计技术和作业流程。此校企合作模式，一方面为学生铺设了实践锻炼的道路，另一方面也为教育机构注入了创新思维与新生力量，实现了互利共赢的局面。

实习经历使学生得以全面洞察行业的运行机制、企业文化及最新的市场趋势，从而强化了他们的职业素养并提升了就业市场的竞争力。同时，教育机构通过积极参与教育改革，致力于培养符合市场需求的专业人才，进而优化了自身的人力资源结构。此外，随着人工智能等前沿技术的快速发展，实践教学迎来了新的发展机遇。在金课的构建过程中，可以将AI、大数据、云计算等先进技术融入实践教学，增强学生的技术应用技能。比如，利用数据分析软件进行财务分析的实训项目，通过真实的市场数据训练学生运用分析工具辅助决策，提升其数据敏感度和分析能力。另一方面，通过模拟企业的财务决策流程，让学生在虚拟平台上策划并实施项目，亲身体验数字化转型带来的机遇与考验。这种教学模式不仅让学生直观感受到技术带来的效率与便捷，还显著提升了他们对新兴技术的适应能力和创新意识。

3. 推广翻转课堂模式

翻转课堂作为一种创新的教学方式，彻底颠覆了传统的教学模型。它将学习的重心由教师主导的课堂讲授，转移到了学生的自主学习与课堂讨论上。这一模式不仅显著提升了学生的自主学习能力，还有效增强了课堂的参与度，为培养高素质的复合型会计人才奠定了坚实基础。翻转课堂的核心在于鼓励学生课前自主学习。在此过程中，教师会提前向学生提供丰富的学习资源，包括视频讲座、在线课程及电子教材等。学生可根据自身的时间和节奏进行学习，这一方式充分尊重了学生的个体差异，使他们能够依据自身的学习能力和兴趣进行选择，进而激发其学习动力和主动性。通过自主学习，学生不仅能在课前做好充分准备，还能初步掌握课程的基本概念和知识要点，为课堂的深入讨论奠定坚实基础。例如，在会计课程中，教师可提前录制相关教学视频，介绍基本的会计原理和方法，让学生在课前观看并完成必要的阅读材料。这种安排有助于学生提前消化知识，并在观看视频时主动思考，把握重点难点。在翻转课堂的课堂教学环节中，教师的角色发生了重大转变，由传统的知识传授者变为学习的引导者和促进者。课堂上，教师不再单纯传递信息，而是通过讨论、答疑和深入研究来激发学生的思维和参与。根据学生的学习情况，教师可组织小组讨论、角色扮演、案例分析等多种活动，鼓励学生积极发言，分享观点和思考。这种课堂形式不仅提升了学生的参与感，还培养了他们的批判性思维能力和团队合作精神。以会计决策案例学习为例，教师可将学生分成小组，让他们讨论各自的观点和看法，并最终汇总形成集体报告。在这一过程中，学生需要相互交流、激发灵感，共同完成任务。这不仅加深了他们对会计知识的理解和掌握，还提升了团队协作和问题解决能力。翻转课堂作为一种创新的教学模式，在会计人才培养中展现出巨大潜力。它不仅能够提升学生的自主学习能力和课堂参与度，还能培养其批判性思维和团队合作精神，为培养高素质的复合型会计人才提供有力支持。

翻转课堂作为一种创新的教学模式，旨在提高学生的沟通能力和解决实际问题的能力。它鼓励教师在课堂上实施更为个性化的辅导策略。由于学生在课前已进行了自主学习，教师得以依据每位学生的学习状况，提供精准的支持与反馈，协助他们解决学习过程中的具体问题。这种个性化的辅导模式，能显著提升学生的学习效率和效果，确保每位学生在教师的指导下获得更为精确的知识补充和技能提升。翻转课堂不仅注重个性化，还展现出极强的灵活性与适应性，能够依据不同课程的内容及学生需求进行相应调整。在教学过程中，教师可依据学生的反馈及课堂讨论情况，适时调整教学计划和教案，确保教学流程的高效与有效。若某一知识点在课堂上引发了大量学生的困惑，教师可灵活应变，增加深入探讨与讲解的时间，帮助学生更好地掌握相关知识。这种灵活性不仅优化了学生的学习体验，还增强了他们的学习成就感和自信心。

同时，翻转课堂为学生提供了更多自主探究的机会。课后，教师可布置课题研究、项目作业及实际案例分析等任务，激励学生将课堂所学深入应用于实践中。这种实践探究不仅有助于巩固和深化学生对知识的理解，还能培养他们的创新意识和实践能力。例如，在会计实务课程学习后，教师可要求学生结合具体企业案例，分析财务报表并提出改进建议，以此提升其分析与解决问题的能力。翻转课堂的推广还伴随着教学评价方式的变革。相较于传统教学中学生成绩主要依赖考试和作业的情况，翻转课堂允许教师从课堂讨论表现、小组活动参与度、课后作业质量等多个维度对学生进行综合评价。这种多元化的评价方式，能更全面、准确地反映学生的学习状况。翻转课堂模式在激励学生积极学习方面发挥重要的作用，实施策略翻转课堂模式有助于激励学生在学习过程中保持积极态度，并培养他们的自主学习能力和终身学习的意识。在实施此模式时，教师与学生的紧密配合至关重要。

首先，教师需要具备一定的技术能力。这要求他们能够利用现代信息技术进行课程内容的设计与发布，同时督促学生在课前进行预习。具体而言，教师应熟悉各类教学软件与平台，确保课程内容既丰富又易于理解，并能有效引导学生进行课前学习。

其次，学生也需树立自我管理和自我学习的意识。他们应主动进行课前的预习和思考，以便在课堂上与同学和教师进行深入的讨论与交流。这种主动学习的态度有助于提升学生的思维能力与问题解决能力。

在这种新型的师生关系中，合作与共同成长成为核心。学生与教师共同面对学习中的挑战，相互支持，共同进步，从而形成一个积极向上的学习氛围。这种氛围不仅有助于学生成绩的提升，还能促进师生关系的和谐发展。

（三）师资队伍的培训与提升

1. 加强教师的专业培训

强化教师队伍的专业发展举措，不仅对于提升教师个体的专业素养与教学效能至关重要，而且是应对教育领域快速变迁及市场需求动态调整的关键策略。鉴于大数据、人工智能等前沿技术的蓬勃兴起，教育工作者正置身于一个充满挑战与机遇并存的新时代。在此背景下，教师不仅要精通传统的教学策略和知识体系，还必须紧跟新兴技术步伐，融合先进教学理念，以引领学生迈向未来。因此，定期策划并实施聚焦于大数据与会计等领域的专业培训项目，已成为一项切实有效的应对策略。

首先，专业发展活动能够助力教师深入洞察大数据与会计领域的最新动态与技术前沿。当前，会计行业正经历着深刻的数字化转型，传统核算手段正逐步被数据分析、人工智能等创新工具所替代。若教师未能及时更新其知识架构，将难以在教学中有效传授新知。故而，专业培训使教师掌握大数据分析技巧、财务报表解析能力及会计信息系统的应用等核心知识。具体而言，参与由业界专家主导的培训课程，教师能够习得如何运用数据驱动决策，以及利用尖端会计软件进行财务深度分析，从而为学生提供更具前瞻性的教学内容。

加强教师的专业发展还能显著提升其教学技能与方法的创新性。高效的教学不仅要求教师具备扎实的专业知识，更在于其能否以灵活多样的方式传授这些知识。专业培训为教师引入了诸如翻转课堂、项目式学习、混合式学习等先进教学理念与方法，促使他们重新审视并优化教学设计及课堂管理策略。通过掌握理论与实践结合的艺术，设计互动性强的课堂活动，教师能够显著增强课堂的吸引力与学生的参与度，进而更有效地促进学习成效。例如，在某些培训项目中，通过案例研讨与角色扮演等沉浸式学习体验，教师能够深切体会学生在学习过程中的实际情境，这种直观感受将极大助力他们精准调整教学策略，实现教学质量的飞跃。为了充分响应学生的学习需求，教育培训扮演着至关重要的角色，它赋能教师掌握现代技术工具，进而提升教学成效。在当前教育领域的演进中，信息技术已成为推动教学质量跃升的关键驱动力。教师群体亟须掌握多样化的教育技术工具，诸如在线学习管理系统、数据分析应用及虚拟现实技术等，旨在加强课堂互动，提升教学活动的实效性。通过精心设计的培训课程，教师们能够习得如何运用这些工具进行课程构建、实施高效的课堂管理策略，乃至执行在线评估与反馈机制。此类技术的融合应用，不仅显著增强了教师的教学效率，更为学生带来了多元化、沉浸式的学习体验，助力其深化知识理解。

其次，定期参与专业培训亦是构建教师专业发展网络的基石。在培训进程中，教师有机会与同行建立联系，共享教学经验与资源，形成互助合作的文化，共同应对教育实践中遇到的种种挑战。与来自广泛地域与不同学校的教师交流互动，不仅能够激发新的教学灵感，还能在专业领域内获得持续的支持与鼓舞。这一网络环境有力地促进了知识的流通与创新，驱动教师在教学实践中不断精进自我。

值得注意的是，除了大数据与会计领域的专业知识外，教师的综合素养亦需不断提升。培训课程应广泛覆盖教育心理学、教育技术学、课程设计与评估等多个领域，旨在全面提升教师的教学能力之外，亦培养其成为具备广泛知识与技能的复合型人才。拥有更为广泛且深入的专业能力是教师素养的重要组成部分。此类综合素养不仅对教师教学成效的提升具有显著的促进作用，而且能够有效增强他们在教育实践中的自我效能感与职业满足感，进而构筑起一种正向反馈机制，驱动个体与集体共同进步。此外，加大对教师专业发展的培训力度，对于优化整体教育环境的质量同样至关重要。教师的专业素养及教学技能的精进，直接关联着学生的学习成效与成就水平。当教师能够以更高水平的专业性驾驭课堂教学活动时，学生将获得更为丰富与深入的收益，这对于提升学生的综合素养及未来竞争力具有深远影响。在金课建设这一宏观背景下，教师的专业成长与学生的学业成就之间存在着紧密且相互依存的关系，它们共同构成了一个良性循环、相互促进的教育生态系统。

2. 鼓励教师参与科研项目

鼓励教师积极参与科研项目，并大力支持他们开展与大数据及会计领域相关的研究，是促进科研与教学深度融合、提升"金课"建设质量的核心要素。这种融合并非仅限于将科研成果简单转化为教学内容，而是实现了一种更为深层次的互动机制：科研项目为教学活动提供了最新的理论支撑与实践案例，而教学实践则反过来为科研工作提供了新的研究方向与数据支持，二者相辅相成，共同形成了一个良性循环，最终旨在提升人才培养的整体质量。

首先，鼓励教师参与科研项目，能够将最新的科研成果直接应用于教学实践之中。随着大数据与人工智能技术的迅猛发展，会计行业正经历着深刻的变革。传统的会计理论与方法已难以完全满足现代会计实践的需求。因此，教师通过参与科研项目，能够及时洞察行业的最新发展趋势与技术应用，并将这些前沿知识有效地融入教学内容。例如，当教师参与一个利用机器学习算法进行财务风险预测的科研项目时，他们可以将项目中所获得的最新模型、方法及实践经验直接引入课堂教学，从而使学生掌握最先进的会计知识与技能，进而培养学生的创新能力和解决实际问题的能力。这种直接的知识更新机制，确保了教学内容的先进性与实用性，有效避免了教学内容与实际需求脱节的现象。

其次，教师参与科研项目能够显著提升其自身的专业素养与教学能力。科研活动要求教师具备严谨的学术态度、批判性的思维能力以及独立解决问题的能力。通过深入参与科研项目，教师可以不断提升自身的专业知识水平，拓宽学术视野，并锻炼自身的科研能力。这些能力的提升，不仅能够显著提高教师的教学质量，还能够使他们更好地指导学生进行科研学习，从而培养学生的科研素养。以参与大数据分析在财务审计中应用的科研项目为例，教师需要深入学习相关的数据分析方法与审计技术，并运用这些技术解决实际问题。在这一过程中，教师的专业知识水平得到了显著提升。通过上述分析可以看出，鼓励教师参与科研项目对于促进科研与教学的融合、提升教学质量以及增强教师的专业素养具有重要意义。

通过参与科研项目，教师不仅锻炼了科研能力和解决问题的能力，这些能力的提升还将显著增强其教学水平。教师参与科研项目能够促使教学内容与实际应用的紧密结合，有效弥补传统教学内容理论与实际脱节的不足。教师可以将科研项目中遇到的实际问题及其解决方案融入教学内容，使教学内容更加贴近实际应用，进而提升学生的实践能力。例如，在参与关于智能合约在财务管理中的应用科研项目时，教师可将项目中的案例和经验与教学实践相结合，引导学生了解智能合约在财务管理中的应用场景和技术实现，并通过实际操作，增强学生的实践能力和问题解决能力。这种结合不仅使教学内容更加生动、易于理解和掌握，还使学生更早地接触实际应用场景，为未来的职业发展奠定坚实基础。为鼓励教师积极参与科研项目，学校需提供全方位的支持与保障。其一，提供充足的科研经费，为教师开展科研项目提供有力支撑。其二，建立健全的科研管理制度，确保科研项目的顺利进行。同时，为教师提供必要的科研平台和资源，如数据中心、计算资源和实验设备等，以优化科研环境。此外，学校还需营造良好的科研氛围，鼓励教师间的合作与交流。可通过建立专门的科研团队，促进教师共同开展科研项目；定期组织学术交流活动，为教师提供分享科研成果和学习交流的平台。支持教师开展与大数据和会计相关的研究项目，不仅能提升教学质量，还能反过来促进科研的发展。教师在教学过程中接触到的实际问题，可为科研提供新的研究方向和数据支持。教师可将这些实际问题转化为科研课题，进行深入探究，从而推动科研工作的不断进步。

通过上述分析与论述，我们不难发现，教师参与科研项目对于提升教学水平、增强学生实践能力及促进科研发展具有重要意义。因此，学校应高度重视并大力支持教师参与科研项目，为教师提供必要的支持与保障。

3. 引进高水平人才

金课的构建离不开高水平师资队伍的坚实支撑。因此，积极引进兼具丰富实践经验与深厚理论功底的大数据与会计领域专家,以提升师资队伍的整体素质,成为金课建设中的核心要素。此举不仅直接关乎教学质量的提升,更是推动学科发展、培育创新型人才的战略举措。

首先,引进高水平人才能够显著提升教学质量。这些专家凭借丰富的实践经验,能够将最新的行业动态、前沿技术及实际案例融入教学之中,使教学内容更加贴近实际,增强其实用性。他们不仅能传授扎实的理论知识,更能结合个人实践经验,阐释知识的应用场景与问题解决策略,从而有效提升学生的实践能力和解决实际问题的能力。例如,一位在大型会计师事务所深耕多年的专家,能将审计实践中遇到的真实问题引入课堂,引导学生分析解决,这种教学方式相较于单纯的理论讲授,更能激发学生的学习兴趣,加深他们对知识的理解与运用,其效果远超仅依赖教科书和理论知识的传授,有助于学生更早地适应未来职业环境的挑战。

其次,引进高水平人才有助于优化课程设置与教学内容。专家们凭借对大数据与会计领域发展趋势的敏锐洞察,能够根据行业需求,调整课程设置,及时更新教学内容,确保教学内容既先进又实用。他们可基于自身实践经验,设计更贴近实际应用的课程项目与教学案例,使学生在学习过程中就能接触并掌握最新的技术和方法,从而提升学习效果。例如,一位在数据分析领域有深入研究的专家,能依据最新的数据分析技术,设计创新的课程模块,如机器学习在财务预测中的应用、大数据分析在财务风险控制中的应用等。这些新颖的课程内容不仅能满足学生的学习需求,更能引领行业的发展方向。

引进高水平人才,不仅能够直接提高教学质量,更能够通过其言传身教和团队合作精神,引领整个教学团队迈向更高的进步与发展阶段。这些人才能够与其他教师进行深度合作,共同探索并优化教学方法,携手设计富有创新性的课程项目,从而共同提升教学水平。此种团队合作模式,能够有效促进教师间的相互学习与共同进步,进而提升整个师资队伍的综合素质。同时，高水平人才的加入，也将显著提升学校的学术声誉和影响力，吸引更多优秀的学生报考，从而形成良性循环，进一步推动学校的全面发展。

为吸引和留住高水平人才，高职院校须在资源配置、制度保障等方面做出积极努力。具体而言，应为高水平人才提供充足的科研经费、先进的科研设备和技术平台，以及宽松的学术氛围。同时，高职院校还应关注引进人才的职业发展规划，为其提供明确的职业发展通道，如晋升机会、科研项目支持、学术交流机会等。在引进人才时，须注重人才的匹配度。应依据高职院校的专业方向和发展规划，选择符合高职院校发展需求的人才。在此过程中，不能盲目追求高学历或高职称，而忽视人才的实践经验和教学能力。为此，高职院校应建立完善的人才选拔机制，通过公开招聘、专家推荐、学术会议等多种渠道，广泛寻找并选拔优秀人才。在选拔过程中，应全面考察人才的综合素质，包括学术水平、实践经验、教学能力、团队合作精神等。

更为重要的是，引进高水平人才需注重其长期发展。高职院校应为引进人才提供持续的学习和发展机会，如参加学术会议、进行学术交流等，以支持其不断成长与进步。通过这些举措，学校将能够更有效地引进并留住高水平人才，为学校的长期发展奠定坚实基础。在提升教职员工的专业素养与教学能力方面，开展合作研究是一项重要举措，旨在助力他们不断进步。此外，学校应当致力于为新引进的人才提供全面而周到的生活保障措施，以有效解除他们的后顾之忧，确保他们能够全神贯注于工作，进而为学校的长远发展积极贡献力量。

（四）学生能力的培养

1. 提升学生数据分析能力

培养学生熟练掌握数据分析的基本方法与工具，并能够运用大数据技术深入挖掘与分析财务数据，是金课建设的核心要素之一。这不仅是适应会计行业数字化转型趋势的必然需求，更是培养具备核心竞争力的高素质会计人才的关键所在。在信息时代，数据已成为重要的生产要素。因此，有效运用数据分析技术，将成为未来会计人才的必备技能。而金课建设则需将这一能力的培养融入教学体系的各个环节。

首先，提升学生数据分析能力需从基础知识入手。学生需掌握扎实的统计学基础知识，包括描述性统计、推论性统计及概率论等，这些构成了数据分析的基石。同时，学生还需学习数据挖掘的基本方法，如聚类分析、关联规则挖掘、分类预测等，这些方法有助于学生从海量数据中提取有价值的信息。此外，学生还需掌握数据库管理的基本知识，能够熟练使用数据库管理系统进行数据查询、处理与分析。这些基础知识的学习应贯穿整个教学过程，并融入具体案例分析与实践项目中，确保学生能够真正理解并掌握其应用。

其次，提升学生数据分析能力还需学习和掌握常用的数据分析工具。当前有众多数据分析工具，如 Excel、SPSS、R 语言/软件、Python 等。学生需学习如何使用这些工具进行数据清洗、数据转换及数据可视化等操作，并能根据不同的数据分析任务选择合适的工具与方法。学习这些工具不仅限于掌握软件操作，更重要的是理解其背后的算法与原理，以便在实际应用中灵活运用，并针对不同数据和问题选择最合适的解决方法。为此，需将软件工具的学习与实际案例相结合，以切实提升学生的实际操作能力。例如，可将实际财务数据导入软件中进行分析，以增强学生的实践应用能力。

为有效提升学生的数据分析能力，我们应着重引导学生进行数据分析和建模，并依据分析结果提出针对性建议。在此过程中，培养学生的批判性思维和问题解决能力显得尤为重要。数据分析不仅涉及技术层面的操作，更要求具备批判性思维，能够对数据进行科学的解读与评估。学生需掌握以下技能：识别数据中的偏差与错误，有效进行数据清洗与预处理，以及对分析结果进行合理阐释与判断。此外，学生还需培养解决实际问题的能力，能够将数据分析结果应用于实际业务场景，并提出有效的解决方案。为实现这一目标，教师在教学过程中应引导学生进行深入思考，对数据分析结果质疑，鼓励他们从多角度分析问题，从而培养其独立思考与解决问题的能力。

将理论教学与实践项目相结合是提升学生数据分析能力的关键。单纯的理论教学难以满足培养学生数据分析能力的需求，因此，通过实践项目，学生将所学知识应用于实际、积累经验至关重要。例如，可设计模拟的财务数据分析项目，让学生运用所学知识和工具进行分析，并撰写分析报告，以此提升学生的实践能力和问题解决能力。同时，将学生纳入实际的校企合作项目中，使其接触真实的财务数据和业务场景，参与数据分析的全过程，这将极大地激发学生的学习积极性和实践能力。

学校方面，为提升学生数据分析能力，需提供必要的软硬件支持。学校应配备先进的数据分析软件和硬件设备，如高性能服务器、大数据处理平台等，为学生的学习和实践创造良好条件。同时，建立完善的数据管理制度，确保数据的安全性与可靠性。此外，邀请行业专家举办讲座和培训，使学生了解最新的数据分析技术和行业发展趋势。这要求学校投入资源，建设完善的教学设施和支持体系，以保障教学的顺利进行。综上所述，通过引导学生进行深入思考、结合理论教学与实践项目、提供必要的软硬件支持，我们可以有效提升学生的数据分析能力，为其未来的职业发展奠定坚实基础。最终，培养学生的数据分析能力，关键在于教师需具备卓越的数据分析能力及丰富的教学经验。为此，教师应当持续研习最新的数据分析技术与方法，并有效融入教学实践之中。此外，教师还需展现出高水平的教学能力，能够清晰阐述复杂知识点，同时激励学生主动学习及深入思考。

2. 强化职业道德教育

在专业教育的框架内深度融合职业道德教育，旨在同步推进学生对学术知识与技能的掌握及对职业道德深刻认知的构建，进而塑造其诚信人格与职业操守，为学生步入职业生涯铺设稳固的道德基石。此融合策略的首要实践在于课程内容的精心编排，其中，教师需创造性地将职业道德要素渗透至各类专业课程之中，而非仅仅依赖于孤立的职业道德课程设置，而是将道德教育视作专业课程不可或缺的一环。以会计学科为例，教师可巧妙融入财务报告的诚信准则、职业道德规范及法律法规，借助详尽的案例剖析，揭示虚假财务信息带来的深远恶果，强调诚信在职业旅途中的核心价值。同样，在金融、市场营销、人力资源管理等专业领域，也应结合各自的职业道德规范与实例探讨，旨在锻炼学生的道德辨析力与职业敏锐度。

进一步地，强化职业道德教育需借助生动案例与实践活动，促进学生对道德准则的内化与理解。教师可引入行业内部因道德缺失而引发的负面事件、丑闻及其后果，引导学生在分析与讨论中深化对职业道德的认知，同时激发其批判性思维，审视当事人在道德困境中的决策与行为，以此唤醒学生的道德自觉。此外，学校应策划模拟法庭、角色扮演、专题研讨会等实践活动，鼓励学生在模拟情境中做出道德权衡，从而增强其在实际工作环境中作出正确道德抉择的能力。此类教育模式能够让学生直观体验道德抉择的分量，培养其在复杂多变的环境中坚守原则、明智抉择的能力。

同时，职业道德教育需与社会责任教育紧密联结，共同塑造学生的社会责任感。在当今社会，会计、金融等领域的从业者不仅需精通专业技能，更需具备高度的社会责任感。教育体系应凸显学校在社会发展中的定位与使命，本书旨在探讨学校在教育学生承担社会责任、践行环境保护等议题中的角色，剖析社会责任的具体案例，使学子们深刻意识到，作为即将步入社会的职业人士，在推动社会可持续发展进程中肩负的重任。将职业道德教育与社会责任理念相融合，不仅促使学生掌握行业内部的道德准则，更激励他们在实践中主动担当，成长为兼具国际视野与社会责任感的行业精英。

此外，提升职业道德教育的成效，离不开教师队伍自身职业道德的塑造与示范效应。作为教师，他们是学生的领航者与典范，其一言一行对学生的影响深远。因此，教师应通过身体力行，展现高尚的职业道德风范与严谨的职业操守。在教学过程中，教师可分享个人职业生涯中面临的道德抉择与困惑，引导学生理解如何在职业生涯的道德挑战中坚守原则、明智抉择。同时，通过与行业伦理委员会、职业协会等机构的协作，为学生提供丰富的职业道德实践机会与交流平台，以此深化学生对职业道德的认同与自觉。

学校还应将职业道德教育与校外实践活动紧密结合，鼓励学生投身社会服务与志愿活动。在这些实践中，学生不仅能够锻炼专业技能，更能在服务社会的过程中提升道德认知与社会责任感。通过亲身参与，学生能够直观感受到所学专业对社会发展的贡献，进而增强对职业操守与伦理道德的认同与践行。

值得强调的是，强化职业道德教育是一个长期且持续的过程，需要学校、教师及社会各界的共同努力与持续关注。社会各界及学生个体均需携手并进，深化道德教育的推进工作。在教育实践层面，教师群体应当持续革新教学内容，确保职业道德教育始终处于其关注的核心位置。此外，学校与更广泛的社会环境亦需为职业道德教育的实施提供必要的支撑与协作，激励学生于职业实践活动中积极践行道德准则。唯有通过此类多维度的协同努力，方能更为有效地培育出既精通专业技能又秉持高尚职业道德的综合型人才，从而为社会的长远可持续发展注入不竭的动力。

3. 提高学生跨学科能力

首先，提升学生的跨学科能力已成为金课建设的关键要素之一。该目标旨在通过激励学生拓宽知识视野、学习相关学科知识，进而实现跨学科整合能力的提升，以培养具备综合素质的复合型人才。首先，跨学科能力的提升需从教育理念的革新着手。在传统教育模式中，各学科往往相对独立。然而，现代社会中的众多问题和挑战具有交叉性,涉及多学科的知识与技能。因此,教育者需率先认识到学科间的紧密联系,并主动设计课程以促进跨学科学习。具体而言,教师可运用项目式学习、探究式学习等教学方法,引导学生在学习过程中自主进行跨学科知识的应用。例如,在涉及学校管理的项目中,学生需不仅掌握管理学知识,还需理解经济学、心理学、数据分析等相关领域内容,以便全面分析问题并提出有效解决方案。在此过程中,学生能够真切体验到不同学科知识的互动与整合,从而自觉拓宽知识视野。

其次,提升学生的跨学科能力还需创造一个强有力的支持性学习环境。在课堂上,教师应组织跨学科讨论与合作,鼓励学生分享并应用各自学科的知识。同时,学校应致力于构建一个多元化的学习社区,吸引不同专业和学科背景的师生共同参与,深入探讨跨学科问题。通过跨学科合作,学生不仅能学习不同领域的知识,还能锻炼团队合作与沟通能力。这种协同学习的环境能够激发学生的学习兴趣与探索精神,促使他们主动了解并掌握与自身专业相关的其他学科知识。

再次,学校可通过开展跨学科的课外活动和项目,进一步增强学生的跨学科整合能力。具体而言,学校可组织讲座、研讨会、比赛等活动,邀请来自不同领域的专家学者分享研究与实践经验,使学生了解各学科的发展动态与前沿问题。通过上述措施,我们有望有效提升学生的跨学科能力,为培养适应未来社会需求的复合型人才奠定坚实基础。为了推动跨学科创新教育,可以举办"跨学科创新大赛"。此类大赛鼓励学生组建跨学科团队,共同解决实际问题。在这些活动中,学生不仅能够将所学知识与实践紧密结合,还能学习如何在团队中充分发挥各自专长,实现知识的有效整合。这一过程不仅让学生深刻认识到跨学科整合的必要性,还锻炼了他们在多元化环境中的适应能力和应变能力。在课程设置方面,培养跨学科能力应注重实践性和应用性。课程设计应鼓励学生通过实际案例分析、实地考察、企业实习等多种方式，深化对跨学科知识整合的理解和应用。例如，在环境科学与经济学结合的课程中，学生可以带着具体问题实地考察某个地区的生态环境与经济发展状况，通过观察和实践，学习如何运用经济学知识分析环境问题，反之亦然。这种学习方式不仅有助于学生更好地掌握相关学科知识，还能培养其综合思考和解决问题的能力。

最后，学校与社会应加强合作，共同推进跨学科人才的培养。高校可与企业、研究机构等建立合作关系，开设联合课程或实践项目，帮助学生将课堂知识与实际应用相结合。通过多方合作，学生不仅能够接触到更广泛的学科知识，还能在真实的工作环境中锻炼跨学科整合能力和综合素质，为将来的职业发展奠定坚实基础。

五、金课建设的路径和步骤

（一）技术层面上

金课的构建进程已超越了单纯课程内容更新的范畴，而是迈向了技术层面的深刻变革，旨在响应大数据时代对会计专业人才能力结构的全新诉求。此变革的核心在于透彻把握大数据技术的核心理念及其在会计实践中的应用范畴，并以此为依据，对教学内容体系、教学实施策略及教学技术支撑架构实施全方位、深层次的革新与升级。技术层面的审慎考量，对于金课建设的质量与效率具有决定性影响，直接关联着能否成功培养出具备卓越竞争力的会计精英人才。

深入探索大数据技术的基本原理，这一步骤远非仅仅掌握云计算、数据挖掘、机器学习等术语那么简单，而是要求深刻理解这些技术背后的算法架构、数据处理流程及其在会计实践中的具体应用实例。具体而言，需明晰如何利用大数据技术实施财务风险预警、财务欺诈识别及财务预测等任务。唯有如此,方能在技术应用时做出明智抉择,并将这些技术无缝融入会计教学之中。这一目标的实现,离不开教师群体技术素养的提升,他们需持续追踪技术前沿动态,方能胜任技术融合教学的重任。同时,教育机构亦应激励教师参与相关技术培训,并提供充足的技术援助与资源支持。

技术层面的革新还需聚焦于数据采集、存储、处理及分析等关键环节的技术迭代。传统会计数据处理模式已难以适应大数据时代的迫切需求。因此,探索并采纳更为先进的技术手段,以提升数据处理效能,实现数据的深度发掘与价值提炼,显得尤为重要。这涵盖了对数据采集技术的革新,如采用自动化工具收集财务数据,以降低人为录入误差;对数据存储技术的升级,如引入云存储方案,增强数据存储容量与访问速率;对数据处理技术的强化,如运用并行计算技术,加速数据处理进程;对数据分析技术的精进,如采纳机器学习算法,为了实现对财务预测及风险评估的精准度提升,学校需对既有技术体系进行必要的革新与升级,这必然伴随着相应的资金与资源投入,旨在构建先进的教学设施与技术支撑平台。针对金课建设在技术层面的优化策略,可细化为以下几个核心维度:

首先,集成前沿的大数据技术工具。这不仅涵盖如 Excel、SPSS、SAS 等传统数据分析软件的普及,更侧重于引入云计算架构、大数据处理框架,以及数据挖掘、机器学习等人工智能前沿技术。这些工具的融合应用,将显著增强数据处理与分析的效能,促进学生对大数据技术深层理解与实战应用能力的提升。

其次,强化会计专业人员的技能培育体系。无论是教师还是学生,均需掌握大数据技术的基础操作与应用精髓。为此,学校应设立专门的大数据技术教育课程,并配套实践平台,让学生在亲历实操中深化理解、精进技能。

最后,建立健全的数据治理框架。这涉及数据标准的设定、数据质量控制机制的构建,以及数据安全管理的严格规范,以保障数据的精确性与完整性。一个成熟的数据治理体系，是大数据技术得以高效应用的前提与保障。

同时，数据安全应被置于技术升级的首要考量之中，需制定详尽的数据管理准则与技术防护策略。在大数据技术的广泛应用背景下，数据安全成为核心议题，需综合运用数据加密、访问权限控制、安全审计等手段，全方位保障数据安全。

（二）组织层面上

1. 组织结构的调整

在传统会计组织架构中，财务报告占据核心地位，各职能部门间相对割裂，导致信息流通受阻，数据共享机制缺失，进而形成了信息孤岛现象，这一状况极大地阻碍了数据在驱动决策过程中的效能与精确度。随着大数据时代的全面到来，会计工作被赋予了新的使命，即强化数据的即时采集、深度分析及有效应用，旨在为企业管理层提供更加迅捷、精确且全面的决策依据。因此，组织内部亟须打破既有的部门界限，构建一个更为灵活多变、协同性强的新型组织结构，确保数据得以顺畅共享与协同利用，从而全面提升会计工作的整体效能，为企业的战略决策提供更为坚实的支撑。

此番组织结构的调整并非浅尝辄止的部门整合或职能调配，而是一场触及深层的变革，具体体现在以下几个维度：首要任务是组建跨部门的数据分析专组。传统会计部门往往遵循职能细分原则，如总账管理、应收账款处理、成本控制等，这种模式在处理简单任务及小规模数据时尚能奏效，但在应对大数据挑战时则显得力不从心。大数据分析要求跨越部门界限，整合销售、生产、库存等多源数据，故需成立一个跨部门的数据分析团队，集各部门数据资源于一体，实施综合性分析，为企业的战略决策提供更加全面的信息支撑。该团队应由财务、审计、运营等多部门的专业人士构成，并吸纳数据分析师、信息技术专家等，以确保团队具备多元化的分析视角与技术实力。团队的组建，意味着要打破传统的部门隔阂，倡导跨领域合作，建立健全的数据共享体系。

此外，还需对信息传递与沟通机制进行优化升级。在传统组织架构下，信息的传递往往依赖于烦琐的层级审批与汇报流程，这不仅效率低下，还易导致信息延误或失真。在大数据背景下，信息的时效性与准确性成为决定性因素，因此，必须革新信息传递与沟通机制，搭建起快速响应、高效运作的信息交流平台。这包括引入先进的信息技术手段，如构建企业内部的协同办公系统，以促进信息的即时流通与精准对接。为促进信息的即时共享与高效流通，应充分利用数据可视化工具等手段。此外，强化跨部门间的沟通桥梁与协作机制，确立定期的交流惯例，确保信息能迅速且精确地送达相关人员，这对于确保数据分析成果能适时融入企业决策流程至关重要。

再者，提升数据分析团队在决策过程中的影响力显得尤为重要。传统组织架构中，决策权往往高度集中于高层管理者，而数据分析结果往往仅作为辅助参考。然而，在大数据时代背景下，数据分析结论应被视为企业决策的核心依据，甚至直接引领业务运作方向。因此，需适度扩大数据分析团队的决策权限，使他们能够依据分析结果灵活调整业务策略，进而提升企业的运营效能。这一转变要求高层管理者更新观念，充分信赖数据分析结论，并为数据分析团队提供必要的授权与支持。

同时，构建健全的数据治理体系亦不可或缺。大数据分析涉及海量、多元来源的数据处理与分析，数据的质量与安全性是分析结果的基石。为此，需建立一套涵盖数据标准制定、质量控制流程设计、安全管理体系等在内的全面数据治理框架。这包括确立统一的数据标准，规范数据的采集、存储、处理及应用流程；实施严格的数据质量控制，通过清洗、去重、校验等手段确保数据质量；制定严密的数据安全管理规范，采用加密技术、访问控制等措施保障数据安全。一个完善的数据治理体系，是确保大数据分析结论可信度的核心保障。

最后，推行扁平化组织结构成为时代所需。传统的层级式架构因管理层级繁多，导致信息传递效率低下，易引发决策滞后。大数据时代呼唤扁平化组织结构的实施，通过减少管理层级，加速信息流通，提升决策速度，以更好地适应瞬息万变的市场环境。扁平化结构还能有效促进跨部门协同，增强团队的整体运作效率。

2. 组织文化的重塑

金课的建设不仅依托于技术手段的革新，更需实现组织文化观念的深刻转变。在大数据时代背景下，数据驱动决策已成为主流理念。相较于传统的以经验和直觉为主导的"业务导向"型组织文化，其已难以满足高效、精准决策的需求。因此，金课建设必须着重于组织文化的重塑，实现从"业务导向"向"数据导向"的转型，以培养数据驱动型人才，构建数据驱动的组织生态。为实现这一目标，学校需全方位倡导数据驱动的文化氛围。具体而言，这一文化氛围的构建至关重要，其并非简单的口号宣传，而是需从多个层面入手，逐步渗透至组织的各个层面。领导层应率先垂范，将数据驱动决策纳入日常管理的重要范畴，并通过实际行动展现对数据分析结果的重视与依赖。同时，学校内部需建立数据共享机制，打破信息孤岛，促进不同部门间的数据交流与协作。为此，应制定完善的数据共享协议与流程，在确保数据安全和隐私的前提下，推动数据的高效利用。此外，建立数据分析奖励机制同样重要。对积极运用数据分析结果并取得显著成果的学生，学校应给予表彰与奖励，以此激励更多学生投身于数据分析工作。在重塑组织文化的过程中，提升学生的数据意识和分析能力尤为关键。在以往的业务导向型文化下，学生往往更关注业务流程本身，而忽视了数据分析的重要性。然而，在大数据时代，学生需具备一定的数据分析能力，能够从海量数据中提取有价值的信息，并将其应用于业务决策之中。

学校需为学生提供一套系统的数据分析培训方案，该方案应全面覆盖数据采集、数据清洗、数据分析及数据可视化等关键环节。培训内容需兼具理论深度与实践广度。一方面，要确保学生掌握扎实的理论基础；另一方面，更要注重实践操作，使学生能够在实际工作中灵活运用所学知识。此外，学校还应积极鼓励学生参与外部培训与学习，以此拓宽知识视野，提升专业技能。在技能提升方面，学校应着重引导学生学习和应用新型数据分析工具与技术，如人工智能、机器学习等，旨在提高数据分析的效率和准确性。同时，创新与协作精神是大数据时代会计工作不可或缺的要素。鉴于数据分析工作往往涉及多学科、跨部门的协作，学校应致力于营造一种开放、包容的组织文化，鼓励学生间积极沟通与交流，共同探索新的数据分析方法与技术。为实现这一目标，学校需构建有效的跨部门合作机制，确保各部门间能够高效共享数据，协同工作。例如，可设立跨部门数据分析项目组，邀请来自不同专业的学生共同参与，协同完成数据分析任务。这种合作模式不仅能提升数据分析效率，还能增进部门间的沟通与理解，强化团队凝聚力。

3. 人才能力的提升

大数据与会计专业的深度融合，催生了对具备全新技能与知识结构会计人才的迫切需求。当前，传统的会计人才培养模式已难以适应时代的发展需求。因此，金课建设必须将提升人才能力置于核心地位，通过多维度、系统化的培养方案，着力打造一支适应未来发展的高素质会计人才队伍。为实现这一目标，学校需进一步加大人才培养力度，采取多种手段全面提升学生的综合素质和专业技能，以形成良性的人才循环机制。具体措施包括内部培训、外部引进及完善激励机制等。

首先，学校应加强内部培训，着重提升学生的大数据技术与会计专业技能。为此，需制订系统化的培训计划，内容涵盖大数据技术的基础知识、数据分析方法、会计信息化技术，以及 AI 在会计领域的应用等方面。培训应兼顾理论知识与实践操作，确保学生能够将所学知识应用于实际工作中。同时，培训形式应多样化，采用线上线下相结合的方式，根据学生不同的学习风格和需求，提供个性化的学习资源与学习路径。此外，学校还应鼓励学生参加相关的职业资格认证考试，如数据分析师、财务分析师等，以提升其专业技能和职业竞争力。培训内容需紧跟大数据技术和会计领域的发展趋势，不断更新和完善，以确保其实用性和先进性。

其次，学校应积极引进外部人才，以补充人才队伍的不足。为此，需制定明确的人才引进战略，明确所需人才的技能素质要求。学校应通过招聘网站、人才猎头公司、校园招聘等多种渠道，吸纳优秀人才。在引进人才的过程中，学校应注重考察人才的综合素质，包括技术能力、学习能力、沟通能力以及团队合作能力等软实力。

学校应当高度重视人才的文化契合度，确保所引进的人才能够顺利融入学校文化，为学校的长远发展创造价值。在人才引进后，学校还需致力于人才的培养与管理，助力人才快速融入团队，并充分发挥其潜力。为实现这一目标，学校应提供全面的岗位培训、明确的职业发展规划，以及和谐的工作氛围。此外，建立完善的人才激励机制至关重要，这不仅能有效吸引和保留优秀人才，还能进一步激发其工作热情。为此，学校需制定科学合理的薪酬体系，确保人才的收入与其能力和贡献相匹配。

（三）人员层面上

1. 技能提升

在当前大数据技术迅猛发展的背景下，AI与冰山理论的融合为会计行业带来了前所未有的机遇与挑战，并加速了金课建设的步伐。面对这一深刻转型，传统的会计核算方式已难以满足现代企业对财务管理的严苛要求。因此，会计人员亟须实现技能上的全面升级，从单一的会计核算向数据分析能力、商业智能应用等新兴领域拓展。为有效应对这些变化,开展一系列系统、深入的技能培训和继续教育显得尤为重要。这不仅能使会计人员熟练掌握大数据相关的技术和工具,如数据挖掘、云计算以及数据分析软件等,还能促使他们灵活应用这些工具,从而在复杂的商业环境中提升竞争力和适应性。

首先,会计人员的技能提升应始于理念和意识的转变。传统的会计工作主要聚焦于数字的记录与核算,而当下,数据已成为企业至关重要的资产。因此,会计人员需树立数据驱动的思维方式,深刻认识数据分析在业务决策中的核心价值,进而摒弃旧有的工作习惯。学校可通过组织专题讲座、研讨会等活动,引导学生认识到大数据和商业智能在会计工作中的应用潜力,激发他们的学习兴趣和动力。值得注意的是,这种文化的变革不仅限于技能培训层面,更需在心态和工作方式上实现全面革新。

其次,在具体的技能培训方面,学校应构建系统化的课程体系,全面覆盖大数据基本概念、数据科学基础、数据分析工具使用等内容。具体而言,培训内容可涵盖数据挖掘的基本原理与应用、云计算的基本架构及云服务在数据存储与处理中的应用、数据分析软件(如 Tableau、Power BI 等)的使用技巧等。通过系统化的培训,确保会计人员在实际工作中能够熟练运用这些技能,显著提升其数据处理与分析能力。

在教育实践中,满足不同学生的学习需求是一个至关重要的方面。另一方面在于加强实践操作。仅凭理论知识的学习,往往难以在实际工作中取得显著成效。因此,学校在培训过程中应高度重视实践环节,通过设立数据分析项目的实战演练,会计人员能够在真实的业务场景中运用所学知识与技能。学校可采取模拟数据分析项目的方式,或让学生直接参与到企业的财务分析与报告编制工作中,通过实际操作来巩固学习内容。例如,学校可安排学生使用数据分析工具处理历史数据,生成财务报表,并进行数据可视化处理。此举不仅有助于学生深入理解数据背后的商业价值,还能有效提升其分析问题和解决问题的能力。

此外，学校还应积极鼓励会计人员自我学习，为其提供持续发展的机会。鉴于技术更新迭代迅速，培训结束后，如何保持学生的学习热情与动力显得尤为重要。为此，学校可建立学习社区、在线学习平台等，鼓励学生相互分享学习资源与经验，从而促进知识的有效传播与积累。同时，学校还可为学生提供外部培训和进修的机会，以拓展学生的学习与发展空间。通过这些举措，学校不仅能有效激发学生的学习激情，还能确保其始终紧跟行业发展的步伐。

2. 新角色定位

在当今大数据时代背景下，人工智能（AI）与冰山理论的融合正深刻推动着各行各业的转型进程，其中，会计专业人员的角色变革尤为引人注目。他们正逐渐从传统的会计核算者身份，转变为商业数据分析师或数据驱动的财务决策者。随着信息技术的持续进步与数据分析需求的不断攀升，会计人员所面临的要求也随之提升。他们不仅需要具备扎实的会计专业知识，还必须拥有更高层次的战略视野，以及灵活运用大数据进行预测和提供决策支持的能力。这一角色转变，无疑对会计人员的专业技能与思维方式提出了更为严苛的要求，使他们在企业的价值链中扮演着愈发重要且多元化的角色。

首先，作为商业数据分析师，会计人员应精通大数据技术及其在财务管理领域的具体应用。传统会计工作主要聚焦于账务处理和财务报表的编制，而在现代企业环境中，数据已成为战略决策不可或缺的重要依据。因此，会计人员需掌握数据挖掘、数据分析及数据可视化等技能，能够运用大数据技术从海量信息中提炼出有价值的洞察，从而为企业的战略决策提供有力支持。例如，通过深入分析历史数据和市场趋势，会计人员可协助企业预测未来的销售额、成本及利润，并据此制定出更为科学合理的预算与规划。

其次，作为数据驱动的财务决策者，会计人员必须具备敏锐的战略眼光。这意味着，他们除了关注日常账务外，还应密切关注行业动态、市场变化及技术发展对企业可能产生的影响，能够从宏观层面进行深入分析与准确判断。传统会计工作往往局限于历史数据的记录与报表的编制，而现代会计角色则要求会计人员积极参与企业的战略制定与风险管理过程。例如，在新产品开发阶段，会计人员可通过分析市场数据及竞争对手情况，为企业提供有价值的决策参考。

随着数字化转型步伐的加快，会计人员还需具备出色的跨部门协作能力。在现代企业管理体系中，各部门间的协同合作日益紧密，特别是在数据驱动的决策制定过程中，财务部门需与市场营销、运营、采购等多个部门紧密配合，共同分析数据、制定策略。这要求会计人员不仅要在沟通能力和团队合作能力上有所提升，还需有效融合财务数据与其他部门数据，形成全面、深入的分析报告。在此背景下，会计人员已从孤立的"数字工匠"转变为跨部门合作的桥梁，促使企业在数据驱动的战略决策中更加高效、协调。

在角色转型过程中，会计人员还需增强对数据分析结果的解读和应用能力。数据本身并不具备决策功能，如何将数据分析结果转化为实际的商业行动方案，是会计人员面临的关键挑战。因此，会计人员需具备较强的逻辑思维能力和业务洞察力，能够从海量数据中发掘出内在的逻辑关系，并提出切实可行的建议。

3. 人员配置优化

在 AI 与冰山理论融合的学术背景下，金课建设面临着双重挑战：既要提升现有会计人员的专业技能，又需对会计团队实施合理的人员配置优化，以适应新兴业务需求和岗位变动。此过程并非单纯的人员增减，而是涉及团队结构、人员技能与岗位职责的全面调整与优化，旨在构建一支兼具传统会计知识与现代数据分析技术，且能实现高效协同作业的复合型会计人才队伍。为达成金课建设的目标，这一优化过程需综合考量多个维度。

首先，人员配置优化的首要步骤是对团队技能结构进行全面评估。传统会计团队主要由掌握传统会计知识与技能的人员构成，但这些技能已难以满足企业日益增长的数据分析需求。因此，需对团队成员在数据分析、商业智能、编程等领域的技能水平进行全面评估，同时考察其经验及未来发展潜力，为后续的人员配置调整奠定数据基础。评估结果将揭示团队技能缺口，并为新成员招募及内部培训计划提供指导。有效的评估体系应融合多种方法，如技能测试、岗位胜任力评估及 360 度绩效评估等，以确保评估结果的全面性和精确性。

基于评估结果，针对团队技能缺口，有计划地招募具备大数据背景的新成员。这既包括拥有数据分析、数据挖掘等专业技能的人才，也涵盖掌握云计算、人工智能等相关技术的专家，以弥补团队在技术层面的短板。招聘过程应重视候选人的综合素质，除专业技能外，还需评估其学习能力、团队协作能力、沟通能力及问题解决能力。高效的招聘流程应包含明确的职位描述、严谨的筛选机制、专业的技术面试及详尽的背景调查，以确保招募到符合团队需求的高素质人才。

为了提升团队的适应性和灵活性，学校应根据学生的兴趣和专长，进行合理的岗位调整与轮岗安排。具体而言，可以将一些学习能力强、对数据分析感兴趣的学生，安排至数据分析岗位进行培训与实践，逐步培养其成为数据分析师。这种内部培养方式不仅能有效降低招聘成本，还能为学生的职业发展提供更多机会，同时增强团队的凝聚力。轮岗实践对于拓宽学生视野、积累实践经验以及培养跨部门协作能力具有重要意义，这在日益复杂的商业环境中尤为凸显。因此，轮岗安排需经过科学规划，确保不影响核心业务的正常开展，并设置相应的考核机制，以保障轮岗的有效性。在人员配置优化方面，学校还应考虑建立灵活的组织架构，以提升团队的响应速度和运营效率。这要求学校打破传统部门间的界限，鼓励跨部门协作，并建立高效的信息沟通机制。灵活的组织架构能够更好地赋能学生，赋予其更高的自主权和决策权，从而激发学生的工作热情和创造力。

4. 绩效评价体系

在传统会计职位中，绩效评估主要依据工作量完成度、出错率等量化指标。然而，随着数据分析重要性的日益提升，单一的量化指标已难以充分反映会计专业人员的实际价值。因此，新的绩效评价体系需制定多维度的关键绩效指标（KPI），以全面评估学生的学习表现。除考查学生在传统会计业务中的表现外，新的 KPI 还应涵盖数据分析能力、商业智能工具使用效果、报告可视化程度及数据洞察应用能力等方面，确保学生在学习新技能和拓展能力方面得到应有的重视与认可。绩效评价体系应鼓励学生持续学习与职业发展。为实现这一目标，考核内容不仅应关注学生当前的技能水平，还应重视其学习进度与技能提升情况。具体而言，可设定针对新技能（如数据分析、AI 应用等）的学习任务，并将其纳入绩效考核范畴。通过设定明确的学习目标，如参加相关培训、获取特定证书、完成项目实践等，激励学生主动学习新技能，提升在数据分析和商业智能领域的能力。这一举措不仅有助于增强学生的自我发展意识，还能促进团队整体业务能力的提升，实现人才的持续优化与升级。

为确保绩效评价的公平性与透明性，学校应当构建一套科学的评估流程。该流程需融入多维度的反馈机制，不仅涵盖直接上级对学生的评价，还应综合考量同事评价、客户反馈及自我评估等多重视角。具体而言，通过引入 360 度反馈机制，学校能够更全面地掌握学生的实际学习表现与能力水平，同时激励学生在日常实践中相互学习、共同进步。这种多维度的评价方式对于营造积极的团队合作氛围、提升团队凝聚力具有重要意义。

学校应充分利用数据分析工具，对学生的绩效进行实时监控与分析。借助大数据技术，学校可通过数据仪表盘或专业分析软件，实时追踪学生在数据分析项目中的表现，及时发现潜在问题并予以反馈。这种实时反馈机制不仅能够有效提升工作效率，还能帮助学生迅速调整工作方法，从而提升工作质量。在数据驱动的环境下，学生更易于接受基于数据的绩效评估体系，这更符合现代学校的发展需求。

第六章　基于 AI 与冰山理论的
金课建设路径

一、更新教学理念

　　教育理念的革新需聚焦于学生本位，着重培养学生的综合素养与创新潜能。具体而言，以往的教学模式倾向于以教师为核心，教师作为知识的传递者，在课堂上向学生单向传递信息，而学生则处于被动接受的状态。尽管这一模式在过去的教育体系中发挥了积极作用，但在当前这个信息迅猛增长、知识快速更新的时代，其局限性日益凸显，难以适应现代职业发展的需求。因此，新的教育理念呼唤教师角色的深刻转变，即从单纯的知识传授者转变为学习的引导者。在这一新理念的指引下，教师应着重于激发学生的求知欲与探索精神，通过构建一个开放、互动的课堂氛围，激励学生主动参与，共同探索学术问题。这种教学模式不仅能够使学生在参与过程中自主构建知识体系，还能有效培养他们的批判性思维与问题解决能力。例如，教师可以采用小组讨论、案例分析、项目式学习等多种形式，促进生生之间的协作与交流，让学生在实践中运用并深化所学知识。在此过程中，教师的角色转变为通过引导与激励，助力学生实现自主学习，从被动接受转为主动探索，进而在学习中获得更多的成就感与自信心。

　　此外，在大数据与会计专业的教育领域，教育者还需强化对大数据与 AI 技术应用的引导。随着数字经济的蓬勃发展，数据已成为新的关键生产要素，如何高效地获取、分析并应用数据，已成为现代会计工作不可或缺的一环。故而，鼓励学生运用 AI 工具进行数据分析、解决实际问题并辅助决策，将极大提升他们的实践能力与创新意识。高职院校可通过开设与行业紧密结合的课程，邀请业界专家开展讲座或提供实践指导，让学生紧跟行业动态与最新趋势，为其未来的职业生涯奠定坚实基础。在课程规划方面，为了增强学生的市场竞争力，教育体系中应着重纳入数据分析与数据可视化的实用技能培养，确保学生在步入就业市场时拥有独特的优势。在深化教学内容的过程中，我们必须重视教学理念的革新，特别是跨学科整合的重要性。当前经济格局下，会计的角色已从单一的财务数据记录与报告扩展至基于深度数据分析的决策支持领域。因此，教育体系亟须融合数据科学与信息技术等前沿领域的知识，以此促进学生的跨学科思维与能力发展，使他们能够从容应对未来职场中的复杂挑战。

跨学科融合的教育模式不仅能够全面提升学生的综合素养，还能拓宽他们的认知视野，深化他们对不同学科间关联性的理解，为应对未来职场的多变性提供有力支持。此外，教学理念的更新还需积极融入终身学习的原则。鉴于社会变迁的加速与技术的日新月异，终身学习已成为现代职业发展不可或缺的一部分。教育体系在传授专业知识与技能的同时，更需着重培养学生的终身学习习惯与能力。为实现这一目标，教师应积极鼓励学生在课堂上进行自主探索与独立思考，并传授有效的学习方法与习惯。通过多元化的教学模式，例如线上学习平台、翻转课堂、项目导向学习等，学生可以在一个灵活且富有创造性的学习环境中，自主选择并探索知识，为他们的职业生涯奠定坚实的基础。这些创新的教学方法不仅能够激发学生的学习兴趣，还能培养他们适应未来变化的能力，确保他们在快速演变的职业环境中保持竞争力。

二、重构金课体系

构建一个包含"基础课程、核心课程、拓展课程及实践课程"在内的四层结构化课程体系，以提供一个既全面又循序渐进的学习环境，确保学生在这一过程中能够获取广泛且深入的知识与技能，从而满足其未来职业生涯的发展需求。

基础课程构成了该课程体系的基石。此类课程着重培育学生的人文底蕴、数学素养以及信息技术能力。人文教育的融入，不仅有助于塑造学生正确的价值观念与道德观念，还能深化他们对社会、文化及人类历史的认知，为日后的专业深造奠定稳固的根基。同时，数学与信息技术作为现代职业教育的核心要素，为学生理解并应用后续知识提供了必要的支撑，特别是在大数据与会计领域，扎实的数学与信息技术基础是学生迈向成功的关键所在。

核心课程则构成了整个课程体系的精髓部分，聚焦于会计专业知识与技能的传授，并巧妙地融入了 AI 技术模块，例如"AI 与财务会计""大数据与管理会计""智能审计技术"等课程。鉴于信息化与智能化已成为会计领域不可逆转的发展趋势，学生需尽早接触并掌握这些前沿技术，以增强自身的职业竞争力。通过核心课程的学习，学生将深入掌握会计领域的专业知识与技能，并学会如何将 AI 技术与会计实践相融合，为未来的职业发展奠定坚实基础。

拓展课程则致力于满足学生的个性化学习需求与职业发展方向选择，提供多样化的选修课程资源。这些课程鼓励学生深入探索个人兴趣领域，拓宽知识视野，培养综合素养与问题解决能力。选修课程的设置旨在帮助学生发掘自身潜能与特长，为未来的职业规划开辟更多可能性。

实践课程作为整个课程体系中不可或缺的一环，涵盖了校内实验实训等多个方面。校外实习及毕业设计项目构成了增强学生实践操作能力和综合应用能力培育的关键环节。学生在亲身参与的实践课程中,得以将学术理论融入职场实践,从而锻炼问题解决技巧与团队协作能力。此类实践活动的安排为学生累积了不可或缺的实战经验,促进了他们在真实职业环境中的学习与个人成长。通过精心构建的四层级课程体系框架,高职大数据与会计专业所打造的金课不仅提升了教学的即时效用与未来导向性,而且精准对接了学生的学习期望与职业发展规划。

三、锤炼金课内容

在探索高等职业院校大数据与会计专业金课构建策略的过程中,将人工智能理论与冰山模型深度融合,对课程内容实施系统性整合与升级,成为核心策略之一。此举措不仅要求对既存课程体系进行详尽的梳理与深度剖析,还意味着要果断剔除过时知识,同时积极融入大数据、人工智能等尖端技术在会计领域的最新应用实例与实战经验。其核心目的在于培育学生的创新思维与实践操作能力,使之能够灵活应对行业环境的快速变迁与技术迭代。

首要步骤在于对现有课程内容的全面复审,这要求教育工作者与课程开发者对课程框架、教学资源及教科书进行细致入微的考察,以评估其内容的实用价值与时代契合度。对于那些已无法反映当代会计实务与新兴技术发展趋势的知识点,需采取果断措施予以删减或革新。举例而言,传统的手工记账方式与操作流程在智能化浪潮下已显力不从心,故而在课程内容中应适当缩减相关篇幅,转而强化智能财务软件应用的教学。

紧接着,大数据与人工智能等前沿技术的知识融入课程体系,成为内容整合的关键一环。在财务会计教学中,可增设智能财务系统操作流程与数据分析实例，旨在让学生不仅掌握现代会计技能，还能深入理解智能化系统如何通过数据处理优化工作效率与精准度。通过引入真实案例，如展示高校运用智能财务系统进行账务管理与数据分析的实践，以及这些应用如何为决策制定提供有力支撑，增强学生的实践能力。

而在管理会计领域，引入基于大数据的成本预测模型与决策分析策略，则构成了另一重要发展方向。现代管理会计已超越了历史数据回顾的范畴，转向了对未来的精准预测与高效决策支持。因此，教授学生如何利用大数据工具进行成本预测、构建灵活预算模型，并将其应用于实际决策场景中，对于提升其职业素养具有重大意义。例如，通过解析企业自身的案例，课程可以直观展示这些先进模型在实际操作中的应用效果，进一步加深学生对管理会计现代实践的理解。阐述实时数据捕获与分析机制如何助力学校管理层作出更具科学性的决策。同时，审计教育课程亦需经历内容的革新与优化。鉴于人工智能（AI）技术的蓬勃发展，审计领域正积极探索 AI 技术的融合路径。阐述 AI 审计技术的运作机理及其在审计风险防控中的应用策略，对于使学生洞悉现代审计的最新动态至关重要。可设计专项模块，探讨运用机器学习及数据挖掘技术识别审计风险的途径，以及智能审计工具如何提升审计作业的效率与品质。此外，提供实际案例分析，使学生直观理解 AI 审计在实践中的应用成效及面临的挑战，这将极大提升学生的实战能力和职业素养。

为确保课程内容与行业发展需求和技术应用趋势紧密衔接，学校需与业界企业构建稳固的协作关系。通过校际合作，邀请业界专家参与课程设计并授课，以保障教学内容与实际工作需求的高度契合。同时，学生可通过实践基地、实习项目等形式，在真实职场环境中运用所学知识，从而深化其理解。课程内容的整合与优化并非静态的，而是需随着技术进步与行业需求的变化持续迭代升级。高职院校应构建课程内容定期审查与更新机制，确保教育内容与时代要求保持同步。

四、整合动态的教学资源

（一）AI 辅助教学平台构建

在探讨高等职业教育中大数据与会计专业金课建设的新路径时，我们聚焦于将人工智能（AI）技术与冰山理论相融合，核心在于构建 AI 辅助教学平台。此平台旨在全方位增进高等职业教育的教学质量及学生的学习成效，尤其针对大数据与会计这类对专业技能和知识要求极高的学科领域。AI 辅助教学平台的开发，不仅标志着技术层面的革新，更是教育哲学与教学策略的根本性转变。该平台集成了教学管理、资源共享、学习行为分析及智能评估等多维度功能，为师生双方开辟了一种前所未有的教学互动与学习模式。

一方面，智能备课模块构成了该平台的关键组件。备课历来是教师需投入大量时间与精力的环节，而智能备课模块则利用系统内置的多样化工具和模板，依据教师的教学需求及学生的具体学情，自动定制化生成教学方案与课件。该模块内含丰富的教学资源库，涵盖多媒体教学素材、案例研究、学习活动策划等，极大地增强了教师在备课阶段的创造力与灵活性。同时，系统依据学生的学习行为数据，进行深入分析，精准描绘每位学生的学习特征与知识掌握概况，进而为教师提供个性化的教学策略建议。这种定制化的教案设计策略，不仅显著提升了教师的备课效率，还助力教师在课堂上更有效地应对学生间的差异性，增强了教学的精准度和实效性。

另一方面，智能学习系统为学习者提供了更为个性化与交互性强的学习体验。该系统能够依据学生的学习偏好、习惯及进度，智能匹配最适合的学习路径与资源。借助大数据分析技术，系统能够洞察每位学生在学习旅程中遭遇的难点与挑战，并即时提供精准的学习建议与辅导。对于学生而言，这种个性化的学习导航系统，有助于他们探索出最优的学习路径，最大化学习成效。此外，智能学习系统还具备即时解答学生疑问的能力，无论是集成的人工智能助手，还是便捷的在线咨询服务，均能有效满足学生的学习需求。在学生的学习旅程中，各类疑问能够即时获得响应，这一机制有效减轻了学习过程中的迷茫与障碍，进而激发了学生的学习能动性与自主性。此外，构建学习分析系统构成了 AI 辅助教学平台的另一项显著优势。该系统凭借对学生学习行为数据的广泛搜集与深刻剖析，为教师提供了强有力的决策依据。它能够实时捕捉学生在学习路径上的每一步动态，涵盖学习进度追踪、答题表现、参与度监测及反馈收集等多维度信息。借助数据的直观呈现，教师可以一目了然地把握每位学生的学习历程与知识掌握程度，迅速锁定遭遇学习困境的学生群体。基于这些详尽的分析报告，教师能够采取科学、合理的教学策略调整，实施精准的个性化辅导计划。此类数据驱动的教学模式，不仅显著优化了教师的教学成效，还为学生提供了必要的援助，助力他们跨越学习障碍，强化了学习成就感。

依托此类 AI 辅助教学平台，基于人工智能与冰山理论的高职大数据与会计专业金课建设展现出更为显著的实效性与前瞻性。该平台不仅加速了教育教学模式的转型，还为高职院校培育高水平专业人才铺设了坚实的基石。此新颖的教学范式旨在促进教育界与产业界及社会领域的紧密交融，确保教育产出的成果能够更加精准地对接社会经济进步的实际需求，从而发挥其最大的服务效能。

（二）数字化教材与教学资源库建设

融合人工智能（AI）技术与冰山理论框架，探索构建高等职业教育中大数据与会计专业高质量精品课程的途径已日趋清晰，其中，数字化教学材料与教学资源库的建设占据了举足轻重的地位。这一进程标志着传统教学模式的根本性革新，同时也是教育信息化深入发展的直观体现。具体而言，数字化教学材料的编撰工作，不仅深度融合了AI技术与会计学科的核心知识体系，还采纳了前沿的技术手段与教育哲学，精心打造了一系列多元化、高吸引力的学习媒介。这些材料在形式上极为丰富，囊括了文本、图像、音频、视频及动画等多种数字媒体元素，为学习体验增添了无限活力。

此等多样化的内容呈现策略，不仅显著增强了教学活动的趣味性，有效激发了学生的学习热情，还充分兼顾了不同学生在信息接收与处理方面的个性化需求。例如，借助视频与动画的直观展示，学生能够更为透彻地领悟复杂的会计理论及实操技巧，从而显著提升其学习成效与实践能力。此外，数字化教学材料还创新性地融入了互动式学习模块与在线测评系统，这一设计促使学生在知识获取过程中由被动接受转变为主动探索，通过问答、游戏化学习、小组讨论等形式，极大地提高了学习的自主性与能动性。在线测评系统则使学生能够在学习的各个阶段实施自我评估，即时反馈知识掌握情况，便于其开展有针对性的复习与强化。

除数字化教学材料的研发之外，构建全面的数字化教学资源库亦是此次教育改革不可或缺的一环。该资源库广泛涵盖了课程标准、教学演示文稿、案例集合、试题数据库以及实训项目库等多种教学资源，共同构建了一个完备且充满活力的数字化教学生态系统。资源库的建立促进了教学资源的协同创建与开放共享，并确保了教学素材的实时更新，使教师能够依据课程需求及学生的学习进展，从资源库中精选最适合的教学资源，灵活调整教学策略，从而进一步增强了教学的时效性与精确性。旨在满足学生多元化学习需求的策略中，资源库的实时更新机制扮演着核心角色。此机制不仅保障了教学内容的新鲜度与针对性，还能够敏锐地响应教育政策导向、行业发展趋势及学生反馈，持续精进教学资源，全面促进教学质量的跃升。数字化教材与教学资源库的构建，不仅是教育理念与现代科技深度融合的产物，更标志着课堂教学模式的一次深刻革新与转型。借助多媒体与互动技术的无缝对接，教育者得以提供更为多元、生动的学习场景，让学生在愉悦的学习环境中牢固掌握专业知识。此外，这类新型教材与资源库的交互性与灵活性，赋予了教师更强的课堂调控力，显著提升了教学效率。对于学生群体而言，他们从中获得的不仅是理论知识的滋养，更有实践操作能力的锤炼，为日后职场竞争铺设了坚实的基础。

聚焦于 AI 技术与冰山理论融合的高职大数据与会计专业金课建设路径，高度重视数字化教材与教学资源库的构建，深刻映射出现代教育理念与技术演进的新趋势。这一路径不仅在教学成效上实现了显著提升，更为高职院校培育兼具高素质与实用技能的复合型人才奠定了稳固基石。随着教育数字化浪潮的滚滚向前，我们有理由相信，这一创新实践将为高职教育领域带来深远影响，有力推动教学质量的飞跃与教育公平的深化，为孕育适应未来社会需求的专业人才贡献力量。面对信息洪流的新时代，如何运用尖端科技为教育赋能，优化学生的学习体验与能力成长，已成为我们必须正视并积极应对的重要课题。长远观之，数字化教材与教学资源库的建设，不仅是高职教育迈向数字化、智能化转型的关键步伐，更是为社会培育具备现代技能与创新能力的人才、驱动经济社会高质量发展的有力支撑。

五、创新多元化教学手段

（一）线上线下混合式教学模式

在当前高等职业教育逐步迈向数字化与个性化融合的新阶段，

依托人工智能技术并借鉴冰山理论框架,针对高职大数据与会计专业,金牌课程(即金课)的构建路径探索中,线上线下融合的教学模式得以创新推出。该模式的精髓在于巧妙融合网络教育平台与实体课堂教学,借助多样化的教学策略,旨在全方位满足学生的个性化学习需求,进而实现教学质量的显著提升。

在线上教学维度,教育者运用现代信息科技,精心制作微课视频,以精练的方式阐释复杂的会计原理及实务操作,此举不仅加速了课堂节奏的紧凑性,还便于学生课后反复学习,深化理解。此外,教师还会分享包括电子书、学术论文及行业报告在内的丰富学习材料,这些资源为学生构建了宽广的知识视野和深厚的学术底蕴,有力支撑了他们的学习进程。线上平台还集成了在线讨论与测评功能,激励学生主动参与,通过互动讨论促进思想碰撞,解决疑惑,增强知识内化;而在线测评则即时反馈学习成效,帮助学生自我定位,明确学习进度。

线下教学则侧重于增强课堂互动与生生交流。教师常采用案例分析策略,选取具体会计案例引导学生深入探讨,通过理论与实践的结合,让学生直观感受理论知识的实际应用场景,这不仅能锻炼学生分析、解决问题的能力,还能加深其对知识的实践认知。小组讨论环节中,学生在协作交流中应用多元视角,这种互动不仅促进了思维拓展,还强化了团队合作能力的培养。在项目实践层面,教师安排学生分组合作,共同完成会计项目任务,将理论知识转化为实际操作能力。通过亲历项目实践,学生不仅进一步提升了沟通协作技巧,也在实战中锻炼了团队合作能力。线上线下融合的教学模式作为一种灵活多变的教学策略,旨在增强学生的职场竞争力,有力支撑了促进学生自主发展与全面进步的教育哲学。在此框架下,学生得以自主决定学习的时间与方式,从而更有效地调控个人学习进度,并强化自我驱动的学习能力。此模式不仅贴合当代学生的学习偏好,亦对其个性化成长路径产生深远的正面效应。

结合人工智能与冰山理论的高职大数据与会计专业金课建设策略，通过线上线下融合的教学模式，巧妙融合了网络教学与实体课堂的双重优势，不仅提升了教学的灵活度与互动性，更为学生打造了一个全方位、多层次的学习场景，使他们在知识的习得与实践过程中获得更为深刻与丰富的成长体验。随着信息技术的持续飞跃与教育观念的迭代更新，线上线下融合的教学模式将在高等职业教育领域扮演愈发关键的角色，为培育符合未来社会需求的高素质专业人才开辟了新的理论导向与实践路径。

（二）情境教学法

情境教学法旨在通过构建贴近实际的企业业务情境，为学生营造一个与未来职场高度相似的学习环境。在此过程中，高职院校精心模拟各类业务场景，如制造企业的财务核算、商业企业的税务筹划以及金融企业的风险管理等，使学生能够在具体情境中扮演不同角色，运用所学知识与技能解决实际问题。此教学法不仅能够显著提升学生的职业岗位适应能力，更关键的是，它能够有效培养学生的问题解决能力，为其日后职业生涯的快速适应与复杂业务挑战应对奠定坚实基础。

具体而言，情境教学法的实施首要环节是教师需设计出与会计专业紧密相关的实际业务情境。以制造企业的财务核算场景为例，学生可被分配至会计、审计师或财务分析师等角色，依据企业日常运营数据编制并分析财务报表，评估企业的财务健康状况。在此过程中，学生需综合运用会计原理、数据分析能力、团队合作能力等，逐步提升个人综合素养。通过角色扮演，学生能在实践中深刻理解会计工作的细节与重要性，进而增强对理论知识的理解与应用能力。

在商业企业的税务筹划场景中，学生需依据税法规定，结合企业经营策略和财务状况，制订合理的税务筹划方案。此环节不仅要求学生考虑税务合规性，还需关注税务优化，力求在合法合规的基础上最大限度地减少企业税负。这一过程不仅使学生能够实际运用所学的税法知识，还能有效提升其商业意识和战略思维能力，为职业生涯的长远发展打下坚实基础。

而在金融企业的风险管理场景中，学生则需深入分析各种金融工具的风险，评估不同金融产品的潜在风险，并据此制定风险管控策略。通过此类情境学习，学生对金融市场、金融工具及其风险的理解将更为深刻，为未来的职业发展奠定坚实基础。

为了进一步提升情境教学的有效性，我们引入了虚拟现实（VR）和增强现实（AR）等先进技术。这些技术能够为学生创造一个高度沉浸与真实的学习环境，将复杂的会计场景生动地呈现出来。具体而言，学生在模拟的真实商业环境中进行学习，可以更加深入地理解并掌握知识。例如，利用虚拟现实技术，学生能够在模拟的财务办公室中与虚拟角色进行互动，进行实时的数据输入与分析。这一过程不仅使学习过程更加直观与生动，还极大地提高了学生的学习兴趣和积极性。而增强现实技术则将数字信息叠加到现实世界中，让学生在实际环境中获取相关信息，从而加深对所学知识的理解与应用。

在基于AI与冰山理论的高职大数据与会计专业金课建设路径中，情境教学法的应用为学生提供了一个综合性的学习平台。通过真实业务情境的模拟，以及虚拟现实和增强现实技术的结合，情境教学不仅提升了教学的有效性，优化了学生的学习体验，还在培养学生的职业适应能力和解决实际问题的能力方面发挥了重要作用。这种教学方式的成功实践，无疑将为高职教育的不断创新与发展注入新的活力。

（三）项目驱动教学法

项目驱动教学法作为一种高度实践化且富含情景模拟的教学策

略，其核心目的在于借助真实的会计项目作为驱动力，组织并激励学生参与项目实践活动。此教学法旨在深化学生对会计理论的理解，同时提升其综合运用知识、创新思维及团队协作的能力。以企业财务报表分析项目作为具体实例，学生们将围绕该项目，运用大数据分析工具来搜集并整理财务数据，借助先进的 AI 算法模型对财务指标进行深入分析及风险预测，并最终撰写项目分析报告，进行成果汇报与展示。在此过程中，学生将把理论知识应用于实际项目中，通过实践锻炼自己的分析、解决问题等能力，从而在实战中积累宝贵的工作经验。

项目驱动教学法的精髓在于，它通过项目实践激发学生的主动学习意识与深度思考能力，将课堂所学知识与实际操作紧密结合。学生在解决实际问题的过程中，不仅能扎实掌握专业知识，更能培养出解决问题的能力和创新精神。在项目实践中，学生将面临真实的挑战与需求，需要从多角度、多方面进行思考与分析，这种能力的培养不仅是对学生综合素质的全面锻炼，更是对其未来职业能力的显著提升。

通过引导学生深度参与项目实践，高职院校能够培育出更具实践能力和创新精神的专业人才，使他们在未来的职业生涯中能够从容应对各种复杂任务，迅速适应职业发展的需求。在项目导向教学中，教师的角色发生了转变，他们不再是单纯的知识传授者，而是成了项目的指导者与引领者，负责引导学生在项目中发现问题、分析问题并解决问题，激发学生的学习热情与内在动力。教师的主要职责在于构建项目的整体框架，提供必要的指导，帮助学生明确项目目标、合理分配工作任务，监督并评估项目的进展情况与最终成果，同时在必要时给予专业的指导与建议。这种教学方式有助于学生深刻理解项目的重要性，明确各自的目标，促进团队合作，最终实现项目的成功与成果的取得。

项目导向教学法还为学生提供了跨学科融合与协作的宝贵机会。

在实际的项目操作中,学生将有机会跨越学科界限,进行知识与技能的交流与整合,这种跨学科的协作不仅拓宽了学生的视野,更增强了他们的综合素质与创新能力。在学术与职业教育的范畴内,学生面临着将会计学、大数据分析以及人工智能等多元学科知识体系相融合的挑战,这要求他们积极参与跨学科的协作与学术交流。此类跨学科的知识整合不仅能够极大地拓宽学生的学术视野与认知边界,而且能够有效锻炼其协同作业与沟通交流的能力,进而优化团队协作效能,为学生未来职业生涯的顺利过渡奠定坚实基础。尤为重要的是,在当下这个数字化浪潮汹涌的时代背景下,人工智能技术的融入为项目驱动教学法带来了前所未有的革新动力。借助先进的 AI 算法模型,学生可以实现对海量数据的快速处理与深度分析,精确捕捉财务指标的发展趋势并进行风险预测,为项目实践提供坚实的数据支撑与科学依据,从而促使学生在实践中对所学知识有更深刻、更精准的理解。此外,AI 技术还为项目成果的展示与汇报开辟了多样化的表达路径,通过生动直观的呈现方式,显著提升了学生的表达力与展示技巧,进一步增强了教学的整体成效。

六、优化实践教学体系

(一)校内实践教学平台升级

冰山理论着重指出,在教育实践中,我们不仅要关注学生的显性知识与技能,更要深入挖掘并培养其潜在能力与思维方式。因此,在高职院校会计专业的金课建设中,强化校内实践教学平台成为核心环节。具体而言,通过完善会计实践教学设施与设备,建设智能化会计实验室,并配备先进的大数据分析软件、AI 财务应用系统及财务机器人等实践教学工具，我们能够为学生搭建一个贴近实际的会计工作环境与操作平台。此举对于提升教学质量具有重要意义。智能化会计实验室的建设，不仅为学生营造了仿佛置身于真实工作场景的学习氛围，还使他们能够在这样的环境中，既学习传统会计知识，又通过实践操作掌握前沿会计技术，深入理解现代财务运作流程。这种设施的现代化升级，不仅优化了学生的学习体验，更为他们提供了全面了解会计职业要求与行业标准的宝贵机会。

通过引入大数据分析软件和 AI 财务应用系统等前沿工具，学生能够亲身体验数据驱动决策的全过程，从而有效培养其分析与解决问题的能力。在此基础上，开展基于 AI 的虚拟仿真实训项目，将进一步丰富学生的学习方式与实践体验。例如，开发虚拟企业财务运营实训项目，使学生能够在模拟的企业环境中，亲身参与财务管理、预算编制、决策分析等实际工作。这种沉浸式学习体验，不仅能够加深学生对会计理论的理解，还能够促进他们将理论知识与实践操作紧密结合，实现知识与技能的全面提升。

在模拟操作中，学生能够锻炼应对复杂业务场景的能力。在虚拟环境中，他们无须担忧犯错的后果，因此可以大胆尝试不同的解决方案。通过实践，学生可以不断总结经验，提升自信心与适应能力。此外，智能审计实训平台的引入，使学生得以运用 AI 技术进行数据审计、风险评估与合规检查等实务训练。这种训练不仅有助于学生掌握现代审计技术的基本流程与方法，还能提升他们在处理大量数据时的敏捷度与准确性，从而培养出适应未来职业需求的能力。通过参与虚拟仿真实训项目，学生能够在"做中学"，增强动手能力，并提升主动学习的积极性和主动性。

通过完善校内实践教学设施、建设智能化的实践平台以及开展丰富多样的虚拟仿真实训项目，高职院校能够有效提升学生的实践动手能力与应对复杂业务场景的能力。这一过程不仅是一次教学改革，更是对教育理念的深刻反思与实践。通过这种方式，我们能够确保学生在未来竞争激烈的职场中立于不败之地,为他们的职业发展铺就一条光明的道路。

(二)校外实践教学基地拓展与深化

基于 AI 与冰山理论相融合的理念,我们深刻认识到,学生的学习过程不应仅局限于知识的传授,更需注重其潜在能力与综合素质的培养。在此背景下,加强与企业的深度合作,并着力提升校外实践教学基地的数量与质量,显得尤为重要。为实现这一目标,我们提出建立校企合作协同育人机制。通过此机制,高职院校与企业可共同规划实践教学方案,联合开发实践教学课程,并协同指导学生参与实习实践活动。具体而言,我们计划安排学生深入企业的财务部门、审计部门及税务部门等关键岗位进行实习锻炼,让他们亲身参与实际业务项目。此举旨在为学生提供一个更为贴近真实工作环境的实践平台,使他们能够深入了解行业动态,熟练掌握岗位技能,并培养良好的职业素养,从而实现实习与就业的无缝衔接。

拓展与深化校外实践教学基地,意味着为学生提供更为广阔的学习舞台和更为丰富的实践机遇,这将对他们的职业发展产生深远影响。通过紧密合作,高职院校能够充分利用企业提供的外部资源,让学生有机会亲身体验真实的工作环境和业务需求。在参与企业的实际项目过程中,学生不仅能够学到更多实用技能和经验,还能更深入地了解企业的运营模式和市场需求。这种贴近实际的体验将有效弥补课堂教学的局限性,帮助学生更好地理解理论知识与实际操作之间的联系,进而培养他们的实践动手能力和问题解决能力。建立校企合作协同育人机制,是实现校内教育资源与企业实践经验深度融合的关键举措。通过双方共同制定实践教学计划和开发实践教学课程,高职院校能够确保学生接收到与市场需求紧密衔接的教育培训,使教学内容更加贴合实际职场需求。同时,双方共同指导学生实习实践，有助于学生更好地理解企业的运作机制和专业技能要求，从而提前适应职场环境，增强就业竞争力。

税务部门等岗位的实习锻炼，是校外实践教学基地拓展与深化的重要途径之一。此类实习安排具有以下显著优势：首先，它能够使学生近距离接触并了解企业的日常运作及专业实践。通过亲身参与，学生不仅能直观感受岗位的技能要求，还能体验实际工作的压力，进而培养自信心与抗压能力。其次，通过参与企业的实际业务项目，学生将有机会运用所学知识解决真实问题，从而锻炼其综合能力与团队合作精神。这种实践经验的积累，将为学生未来的职业发展奠定坚实基础，并为他们顺利过渡到职场提供有力支撑。总体而言，在基于AI 与冰山理论的高职大数据与会计专业金课建设路径中，校外实践教学基地的拓展与深化扮演着至关重要的角色。为实现这一目标，学校需与企业深度合作，建立校企合作协同育人机制。这一机制能够为学生提供更加贴近实际的学习环境和更为丰富的实践机会，进而促进学生的综合素质提升。

七、构建教学评价体系

（一）评价指标体系设计

在探讨高职大数据与会计专业金课建设路径时，依托 AI 技术与冰山理论，构建一个全面且系统的智慧教学评价指标体系显得尤为关键。我们所面临的挑战，不仅限于如何有效评估学生掌握的知识与技能，更在于如何借助多维度评价体系，全面展现学生的职业素养与综合能力。该评价指标体系须涵盖知识掌握、技能应用、素养发展等多个层面，以确保对学生的综合评价与指导。

从知识掌握维度来讲，首要目标是考核学生对会计专业知识与AI相关知识的理解与记忆程度。为实现这一目标，学校可采用多元化的评价方式，如阶段性考试、日常测验、书面报告等，以精准衡量学生在课程学习中的知识掌握情况。具体而言，在会计原理课程中，学生需深入理解基本的会计等式、会计循环及财务报表编制方法；而在AI应用相关课程中，则需掌握AI基本概念、数据处理原理及其在会计领域的应用。这样的评价体系能为学生提供明确的学习方向，助力其在实践中不断提升知识水平。

从技能应用维度来讲，本评价体系着重考查学生运用会计软件、大数据分析工具及AI财务应用系统处理实际业务的能力。鉴于理论知识难以完全应对复杂的实际业务环境，技能考核显得尤为重要。学校可通过实训项目、案例分析、模拟操作等形式，对学生的实际操作能力进行评价。在实训过程中，学生将利用专业会计软件进行账务处理与数据分析，从而提升在真实场景中的快速反应与熟练操作能力。例如，学生需在特定情境下运用大数据分析工具处理企业财务数据，识别潜在问题并提出解决方案。此举不仅有助于学生将理论知识转化为实践技能，还能增强其解决实际问题的能力。通过上述两个维度的细致划分与深入实施，该智慧教学评价指标体系将为实现高职大数据与会计专业金课建设目标提供有力支撑。

通过构建全面的智慧教学评价指标体系，高职院校能够实现对学生多维度的综合评估，帮助他们准确认识自身的优缺点，并明确未来的学习与发展方向。这不仅能够提升学生的专业知识与技能水平，更能在潜移默化中培养他们的职业素养与综合素质。在实际实施过程中，评价标准需兼具科学性与灵活性，以适应不同学生的特点和需求。同时，教师在评价过程中应充分发挥引导与激励作用，及时给予学生反馈，帮助他们不断调整学习策略与方法，以期实现更佳的学习成效。

（二）评价方式与技术应用

评估体系不仅是学生学习成效反馈的重要途径，而且是优化教育流程、提升教育质量的核心要素。因此，须构建一个综合性的评估框架，该框架融合过程性评估与总结性评估、在线评估与离线评估、教师评价以及学生自评与互评，能为学生学习提供更为严谨且系统的支撑。在过程性评估与总结性评估的融合方面，前者侧重于学生在整个学习历程中的具体表现，通过定期考核、作业提交、课堂活跃度等多种手段，及时捕捉并反馈学生的学习动态。此机制能够有效激发学生的内在动力，促使他们在遭遇学习障碍时迅速调整策略。而后者则着重于对学生在某一学习阶段成果的全面审视，常见形式包括期末考试、综合性项目报告等。二者的结合使学生能在持续学习与阶段性考核间找到恰当的平衡点，既关注其即时的学习进展，又对其长期学习成果进行系统性考量。

在线评估与离线评估的结合则为学生的学习提供了更为灵活多样的选择。在线评估凭借现代信息技术的优势，使学生能够在任何时间、任何地点进行学习与测试，尤其在远程教育和混合教学模式下，通过在线学习平台和智能化考试系统等工具，极大地提升了评估的效率与便利性。而离线评估则通过面对面的交流，强化了师生间的即时互动，如课堂辩论、实践操作等活动中的即时反馈。这种线上线下相结合的评估方式，使评估体系更加全面，能够适应多样化的学习情境和学生需求。

此外，教师评价与学生自评、互评的结合，能够从多维度反映学生的学习状态。教师评价凭借其专业知识和教学经验，为学生提供客观公正的评价；学生自评则鼓励学生审视自身学习过程，增强自我认知与自主学习的能力；互评则通过同伴间的相互反馈，帮助学生接纳多元化的评价视角，同时锻炼其团队合作与沟通能力。此综合评价模式的采纳，不仅显著增强了学生的学习参与度，还促进了彼此间在协作学习过程中的共同进步。在技术融合应用的维度上，人工智能技术在教学评价领域的智能化与自动化特性，将评价效率与精确度提升至全新高度。具体而言，借助学习分析系统，教育工作者能够即时捕捉并解析学生在线学习活动的多维度数据，涵盖学习时长、访问频次、作业提交状况及课堂讨论活跃度等，这些数据不仅为教育者直观呈现了学生的学习概况，还精准定位了学习障碍点，为教学策略的调整提供了坚实的数据支撑。譬如，通过数据分析揭示特定知识模块的掌握程度普遍偏低，教师便能据此在后续教学中对该部分内容进行强化。

此外，智能考试系统的引入为在线测评与自动评分流程带来了革命性变化。该系统通过自动化判卷机制，极大提高了评价工作的效率与客观性，既减轻了教师的工作负担，使其能更专注于教学指导与学生辅导，又有效规避了人工评分的主观偏差。智能考试系统还能基于学生答题情况自动生成详尽的分析报告，为学生后续学习路径的规划提供精准导航。进一步地，依托大数据分析技术，对学生学习行为的全方位数据深入挖掘，成为优化教学质量的关键途径。通过深度剖析学生的学习特征与发展潜能，教师能够量身定制个性化教学方案。例如，针对实操能力强而理论功底稍弱的学生，教师可采取针对性的辅导措施与资源分配策略，助力其在理论构建上打下坚实基础。大数据的巧妙运用，使得教学活动更加精准高效，显著提升了学生的学习成果与满意度。

基于人工智能与冰山理论框架下的高职大数据与会计专业金课构建策略，在评价模式与技术革新层面，通过融合多样化的评价方式，融合过程评价与终结评价、线上评价与线下评价、师生自评与互评等多元机制，构建了一个全面且系统的学习评价体系，为教学质量的持续提升奠定了坚实基础。通过深度整合人工智能技术与大数据分析手段，我们致力于实现教学评价体系的智能化与自动化转型，从而为教师的教法优化及学生的个性化学习路径规划提供强有力的支撑。这一开创性的评价范式革新，不仅显著提高了教学质量的整体水平，而且为高等职业教育的持续进步与长远发展构筑了稳固的基石，进而为培育出具备卓越能力的会计专业人才奠定了坚实的基础。在此框架下，学生得以在一个涵盖多维度评价指标的体系中全面发展，促进其在理论知识、实践技能及职业素养等多个方面的自我激励与提升，最终成长为满足当代社会需求的高素质专业人才。

第七章　AI 与冰山理论赋能金课建设的保障机制

一、政策制度保障

（一）教学管理制度改革

借鉴冰山理论的深刻洞见，我们领悟到课程建设的精髓远不止于表面化的知识传授，而是深深植根于学生的学习动力、情感倾向、认知架构等内在层面的综合考量。因此，构建一个契合金课建设标准的教学管理体系显得尤为迫切，它不仅是对教学活动进行有序管理和规范的重要手段，更是推动教育质量跃升、优化学生学习经历的核心策略。

针对教学管理制度的改革，需从多维度着手，首要任务是构建包含弹性学制、学分制及选课制在内的多元化教学模式，以此赋予学生丰富的学习选项与自主权。弹性学制的引入，使学生得以依据个人兴趣、能力状况及时间安排，定制个性化的学习路径，显著提升了学习效率与学习动力。例如，对于那些在某些学科上展现出卓越才能，而在其他学科上需要更多适应时间的学生而言，弹性学制使他们能在优势领域深耕细作，同时为其他科目分配更为充裕的学习时段。学分制的推行，则激励学生依据个人兴趣及职业规划，灵活选取课程，构建多样化的学习轨迹。这一制度打破了固定课程体系的限制，使学生能够根据自身需求灵活调整学习计划，充分激发其学习主动性。选课制度的建立，进一步强化了学生的自主学习能力。通过拓宽课程选择范围，允许学生跨学科选修，促进了知识的交叉整合与创新思维的培育。此举不仅增添了学习的趣味性与挑战性，更锤炼了学生综合应用知识解决实际问题的能力，为其未来的职业生涯奠定了坚实的基础。

此外，为确保课程教学质量的持续精进，优化课程教学质量监控体系，加强对教学过程的日常监管与周期性评估至关重要。传统的教学质量评估方式多局限于课程结束后的学生满意度调查，然而，此模式或许无法全面且准确地反映教学活动的整体成效。借助人工智能技术，我们能够实现对教学流程的即时追踪与监控，并运用数据分析手段广泛搜集学生的学习表现数据，进而评估其课堂参与度、互动频率及知识掌握程度。这种基于数据的监控策略，有助于教师更精准地把握学生的学习动态，从而在教学实施过程中做出适时调整，保障每位学生都能在恰当的进度中有效吸收知识。

在构建课程质量反馈与优化的体系框架时，确立一套全面的反馈机制显得尤为重要。面对学生在学习进程中遇到的难题或对课程内容产生的疑问，必须搭建起高效的沟通桥梁，确保学生的反馈信息能够顺畅地传达给教师及教育管理人员。通过定期组织教学反馈研讨会和采用匿名调研的方式，教师可以迅速收集到学生的多元意见和建议，这为课程内容的精进和教学方法的革新提供了宝贵的参考。同时，这种反馈机制还有助于增强师生间的互动交流，营造出一个开放且包容的学习氛围，让学生感受到自身意见受到重视，进而激发其更高的学习热情。此外，在课程结束后，教师还需进行自我审视，归纳教学中的亮点与待改进之处，以便在未来的教学中不断精进自身的教学策略。

将人工智能与冰山理论相融合，为金课建设开辟了新的视角与路径。在教学管理制度的改革进程中，弹性学制、学分制和选课制的有效推行，本项改革旨在赋予学生更为多元的学习路径与自主选择的能力，进而激发他们的学习热情与参与度。这一系列举措不仅为打造高质量金课提供了强有力的支撑，同时也为学生的个性化成长路径与综合素养的全面提升打下了牢固的基础。

（二）激励机制与政策支持

人工智能（AI）技术的迅速进步与冰山理论的实践应用，为金课建设提供了肥沃的土壤。具体而言，构建有效的激励机制与政策扶持体系，是推动教师及教育工作者踊跃参与金课建设的核心驱动力。为此，制定并实施相关激励机制与政策举措显得尤为重要。教育机构需构建一套系统化的表彰与奖励机制，针对在金课建设中表现卓越的教师及团队给予恰当的奖励。此类奖励不仅涵盖物质层面的奖励，如奖金、荣誉证书及"优秀教师"称号等，还应重视精神层面的激励，例如在校内外广泛宣传其先进事迹、组织经验分享交流会等。这些举措将有效提升教师的积极性与参与度，激发其在教学改革中的主观能动性，进而营造积极向上的教学氛围。为确保激励机制的有效落实，在职称评定与绩效考核中应给予参与金课建设的教师以倾斜政策。传统职称评定体系往往侧重于学历与科研成果，然而，教师在课程建设中的贡献同样具有不可忽视的重要价值。将参与金课建设的业绩纳入职称评定的考量范畴，既能彰显教师在教学改革中的辛勤付出，又能激励更多教师积极参与，形成全校上下共同推进金课建设的良好态势。

绩效考核的内容亦需适时调整，将教师在金课建设中的实际成果与贡献作为重要考核项。这一做法不仅是对优秀教师工作的肯定，更能增强教师在教学过程中的责任感与使命感，促使其自觉主动地投身于高质量课程的研发与实施，为学生提供更加优质的学习体验。除激励机制外，政策支持亦是金课建设不可或缺的重要保障。为此，应设立金课建设专项经费，以支持教师开展课程教学改革及教学资源开发工作。该经费将专项用于课程内容的更新、教学方法的创新以及教学设备的购置等方面，为教师的教学活动提供切实有效的资金保障。

在政策支持方面，我们应鼓励教师进行更为多样化的教学探索与实践。具体而言，可设立金课建设研究基金，以激励教师进行教学改革的实证研究，探索将先进教学理念与现代教育技术有效融入课堂教学的方法。此外，学校还可定期举办金课建设研讨会或培训班，为教师搭建专业的交流与培训平台，促进他们分享教学经验、探讨教学难题，从而相互启发、共同进步。总体而言，AI 与冰山理论在金课建设中的应用，凸显了激励机制与政策支持的至关重要性。为此，我们应制定切实可行的激励机制，对积极参与金课建设的教师给予充分认可与奖励，并在职称评定、绩效考核中给予适当倾斜，以营造良好的激励氛围。同时，需设立专项经费，以支持课程教学改革、教学资源开发以及教学设备的购置，为金课建设提供坚实的资金保障。

二、师资队伍保障

（一）教师专业素养提升

教师专业能力的提升成为驱动课程改革与创新的核心动力。为达成这一目标，教育机构与学校需部署一系列策略，涵盖定制化专业培训、激励实地教学探索，以及促进教育科研与学术交流等多维度举措，旨在构建一个全方位的教师专业发展生态系统，为金课的打造铺设稳固基石。

组织教师参与多元化专业培训活动，成为提升教师专业素养的关键一环。诸如 AI 技术应用、大数据分析处理、会计信息化等前沿领域的培训，旨在赋能教师掌握现代信息技术的精髓。这些培训不仅强调理论知识的深化，更注重理论与实践的深度融合，鼓励教师将习得的技能应用于日常教学之中。鉴于信息技术在教育范畴内的普及应用，教师需灵活运用多种技术工具，如利用数据分析软件监测学生学习成效，依托在线教学平台促进课堂互动，从而提升教学的现代性与实效性。针对会计专业教师，特别提供紧贴行业脉搏的专业培训，使他们紧跟会计领域的新技术趋势、新兴业务形态及市场需求变化，显得尤为重要。鉴于会计学科的强实践性，其教学内容与方法的持续革新成为必然。通过参与行业培训与研讨会，教师能即时捕捉行业动态，不断提升个人专业素养，进而在授课中将实践经验与学术理论巧妙融合，使课程内容更加贴近现实，激发学生的学习兴趣与实操能力。

此外，积极倡导教师参与学校实践项目，是另一项提升教师专业素养的有效策略。通过亲历会计工作的实际环境，教师不仅能即时掌握会计行业的最新发展动态，还能在实务操作中深化理解，为教学注入鲜活案例与实战经验。此类实践经历对于拓宽教师的教育视野具有显著作用，促使他们在课堂讲授过程中融入鲜活的实例剖析，进而助力学生更透彻地领悟并掌握专业知识。具体而言，教师可以通过亲身实践揭示企业财务管理中存在的弊端，并将这些实例引入课堂，开展深度探讨与分析，以此增强课程的实用效能及学生的课堂参与度。此外，推动教师投身于教学研究及学术交流活动，亦是提升教师专业素养的另一项关键策略。定期策划教师参与教学科研计划、撰写学术论文、分享教学经验等系列活动，能够强化教师的学术功底及研究洞察力。在此过程中，教师们得以相互借鉴，交流教学心得，展示杰出的教学范例，从而不断革新教育理念，精进教学研究能力与课程创新能力。同时，学校亦需为教师配备充足的资源支撑，诸如图书资料、数据库资源、科研经费等，助力教师在教学与研究中持续精进。此类双向互动不仅促使教师个人学术修养的提升，还促使他们将新颖的教学理念与研究成果转化为切实的教学实践，进一步加速金课建设的深化进程。

值得强调的是，教师专业素养的提升绝不仅限于技术与知识的迭代，更涵盖教育观念的革新。在教师培育与发展的历程中，应着重引导教育观念的塑造，促使教师秉持以学生为中心的教学理念，关注学生的个性化差异与学习需求，积极营造开放、包容的学习氛围。此举不仅能增进师生间的互动与交流，还能使学生在自主学习的道路上实现更优发展。综上所述，基于 AI 技术与冰山理论，构建教师专业素养提升机制，是金课建设不可或缺的支撑力量。通过实施多元化的专业培训，激励教师参与企业实践活动，支持教学研究与学术交流等诸多举措，我们能够切实增强教师的信息技术运用能力和会计实务操作水平，使他们在课程教学中能够灵活融合现代技术与实践经验，提升教学品质。

（二）教学团队组建与协作

在追求课程建设的卓越品质进程中，各教育机构应着重构建具备跨学科、跨专业能力的教学团队组合。此团队构成不应局限于会计专业教育者，而应广泛吸纳计算机科学领域的教师、数据分析领域的专家等多学科人才，旨在实现不同学术背景教师间的优势互补与深度合作。跨学科团队的构建，不仅能够促进知识的深度交融与拓展，还能为学生提供一种更为综合、连贯的学习经历，使他们在深入理解专业知识的同时，有效掌握相关领域的实践应用技能。在构建高效跨学科教学团队的初期，首要任务是清晰界定每位团队成员的角色定位与职责划分。会计专业教育者需确保课程内容的专业性、相关性和前沿性，保持课程知识的精确无误；计算机科学领域的教师则需为课程注入技术支持，助力学生掌握会计领域中现代信息技术的运用；而数据分析专家则负责引导师生进行数据解析与解读，提升其实际操作能力和决策分析能力。通过这种多元化的团队构成，教师间能够相互借鉴、彼此激励，共同面对教学挑战，探索解决方案，进而提升课程的整体品质与创新水平。

为确保跨学科教学团队的高效运作，建立一套科学合理的教学团队协作机制显得尤为重要。团队应定期组织会议，交流教学经验与科研成果，围绕课程设计、教学资源开发、教学方法革新及教学评价体系等核心议题展开讨论。在协作会议中，教师应就课程设计理念、教学目标设定、教学内容安排及评价标准制定等关键方面展开深入交流，汇聚集体智慧，综合考量各方意见，最终达成共识，形成科学的教学方案。同时，在课程设计时，团队需紧密结合行业实际需求，确保课程内容既具备学术深度，又能满足学生未来职业生涯的发展需求。在教学资源开发层面，跨学科团队的协作能够带来更为丰富多元的教学素材。例如，计算机科学领域的教师可以协助会计专业教师制作关于会计软件正确使用的教学视频，数据分析专家能够构建具有实用价值的数据分析框架，助力学生在实践中实现理论知识与实践操作的深度融合。通过联合开发的教学素材，显著增强课堂教学的活力与互动性，进而有效提振学生的学习热情与课堂参与度。此外，团队成员亦可协同构建在线学习单元，将人工智能技术融入课堂场景，借助智能化平台为学习者提供定制化的学习经历，推动教育向更加智能化、人性化的方向发展。在教学方法的创新层面，跨学科团队的协作同样发挥着关键作用。教师们通过携手合作，能够探索出诸如项目导向学习、混合式学习以及翻转课堂等新型教学模式。这些教学模式不仅有助于激发学生的自主学习动力，还能提升其动手操作能力和问题解决技巧。以项目学习为例，团队可围绕真实的商业案例组织项目活动，使学生在解决真实问题的过程中，综合运用所学知识，锻炼其实践技能。在翻转课堂的设计实践中，教师们可联合制作在线课程资源，让学生课前自主预习，课堂时间则用于深度讨论、互动交流与实践操作，以此加强师生间的互动频次与质量。

尤为重要的是，跨学科教学团队的协作不应局限于校园之内，而应通过校企合作、国际交流等途径拓宽合作视野，增强实践能力。与行业机构及企业建立合作关系，可使教师有机会参与真实项目的运作，获取宝贵的行业一线信息，并将这些实践经验融入教学之中，实现教学与实践的良性互动。在深化与国内外高等教育学府及科研实体的互动过程中，教育工作者得以吸纳前沿的教育哲学与教学策略，进而持续充实其专业知识基底与教学实践能力。综上所述，人工智能技术与冰山理论双管齐下，为金课的构建构筑了稳固的支撑框架，其中，教学团队的精心构建及其高效协同构成了通往课程优质化建设的关键桥梁。通过促进跨领域、跨学科的师资整合，并确立一套行之有效的合作模式，教师在课程规划、教学资源研发、教学手段革新及教学效果评估等多个维度上得以深入交流与合作，此举显著增强了教学团队的整体实力与创新潜能。这一系列举措不仅为学生群体带来了更为完备且连贯的学习旅程，也为教师的职业生涯发展开辟了宽广的视野与机遇，促进了教育领域内共同成长的良好态势，最终引领金课建设迈向更加卓越的新高度。

三、资金资源保障

（一）建立专项经费

专项资金的设立，为课程革新与进步注入了不可或缺的经济动力，赋予了教育机构在资源配置层面更高的灵活性与效率，从而强化了教学品质与人才培养效能。此机制不仅深刻影响着教师的职业发展路径与学生的学习经历，更从宏观角度推动了教育事业的持续健康发展。首要而言，专项资金的核心宗旨在于助推课程内容的革新与拓展。在信息技术日新月异的当下，诸如会计、金融、工程等领域的知识体系亟须紧跟时代步伐，以匹配行业变迁与社会需求。据此，教育机构可依托专项资金，加大对相关教材与课程构建的投入，涵盖教材的编撰、更新及数字化转型。通过与业界精英及学术权威的紧密协作，教育机构能确保课程内容的前瞻视野与实用价值，使学生在求知过程中紧握行业动态与技术前沿。此外，专项资金同样可用于开发多元化的多媒体教学素材，诸如视频教程、动画演示、模拟软件等，以此丰富课堂教学模态，激发学生的参与热情与学习兴趣，进而达成更佳的学习成效。

专项资金的设立对于教师的专业成长与培训具有显著的支撑作用。教师是构建高质量金课的中坚力量，教育机构需不断精进教师的专业素养，以保障课程的卓越品质。因此，专项资金可用于策划并实施多样化的教师培训与继续教育项目，这些项目不仅涵盖传统的学术知识，更融入最新的教学理念与技术手段，助力教师熟练掌握现代信息技术。例如，专项资金邀请国内外顶尖教育专家开展讲座与培训，使教师洞悉教育改革的前沿趋势，从而在教学中融入新理念与新方法。同时，教师亦可利用专项资金参与学术交流会议，分享经验、拓宽认知边界，全面提升个人专业能力。

除了对教师培训的支持外，专项资金还应着眼于优化教学环境与基础设施的升级。一个现代化的教学环境对于提升教学质量具有举足轻重的作用，教育机构可凭借专项资金，在教育资源的配置与优化方面，重点投资于教学设施的购置及校园环境的升级至关重要。这些投资范畴广泛，不仅涵盖了传统教具的更新，还扩展至尖端科技领域，如多媒体设备与虚拟现实（VR）技术的引入，旨在构建一个互动性更强、沉浸感更佳的教学场景。此举能有效赋能教师，使其得以灵活运用多样化的教学手段，进而提升教学效率并激发学生的求知欲。此外，专项资金的划拨亦促进了新兴教育模式的发展，如云教室与在线学习平台的构建，确保学生在课外时段亦能接触丰富的学习资源，实现个性化学习路径的拓展。在课程设计与教学方法的创新层面，专项资金的灵活调度同样扮演了关键角色。教育机构通过设立专项基金，激励教师勇于尝试课程实践与创新，积极探索如项目式学习、翻转课堂等新型教学模式，旨在增强学生的实践技能与创新思维能力。

专项资金的合理规划与运用，对于提升教学质量、激发教育创新、促进学科融合及加强校内外合作具有深远意义，是教育现代化进程中不可或缺的一环。教育机构可采取资助策略，针对校内特定课程或项目进行财政扶持，并深度介入这些课程的设计执行环节。此类协作模式不仅增强了课程内容的实践应用价值，而且为学生开辟了实习与就业的渠道，加速了其职业生涯的起步与发展。进一步而言，教育机构在寻求校际合作的同时，亦应主动争取政府的教育资助及科研拨款，以此构建多元化资金池，为金课的建设提供坚实的财务后盾，保障各项教学改革举措的稳步实施。综上所述，构建专项经费体系构成了金课建设不可或缺的支撑框架，它从多维度为课程革新与创意活动提供了必要的经济资源。通过对专项经费的科学配置与灵活调度，教育机构能够在课程内容的迭代升级、教师队伍的专业精进、教学环境的优化改造、教学方法的探索创新以及教学成效的评估反馈等多个方面取得全面进步。这一系列举措不仅为教师的职业发展与学生的学业成就铺设了优越路径，也为教育事业的持续进步与创新构筑了稳固的基石。

（二）教学环境建设

构建一个卓越的教学环境，其精髓不仅在于物理空间的精心规划与设施的先进配置，更涉及心理层面的氛围培育及教育生态的系统构建。通过全面而系统的环境优化策略，教育机构能够打造出一个既高效又愉悦，且充满激励性的教学相长空间，进而有力推动知识的有效传授与实践应用，显著提升课程的品质与成效。在物理空间布局方面，教育机构需着重关注教室、实验室、图书馆等核心设施的现代化转型与多功能拓展。传统教室往往受限于固定的座位排列与单一的教学模式，难以适应学生日益多元化的学习需求。因此，构建具备高度灵活性的教学空间显得尤为重要，它允许教师依据教学内容与方法的差异，灵活调整教学场景布局。例如，引入可自由移动的桌椅配置，以支持小组讨论、协作学习及独立研究等多种教学模式的开展。同时，教室内部应装配先进的多媒体设备，诸如智能交互白板、高清投影仪及高效音响系统等，助力教师充分利用数字教育资源，有效激发学生的探索兴趣与学习活力。此外，实验室与实训基地的建设亦不容忽视，教育机构应提供充足的实验设备与实操材料，确保学生在实践中深化理论知识，实现知行合一。

然而，教学环境的优化远不止于物理空间的打造，心理环境的营造同样具有举足轻重的地位。一个积极向上、包容开放且鼓励探索的心理环境，对于激发学生的学习动力和参与热情具有不可估量的价值。教育机构应通过一系列精心设计的举措，促进师生之间、学生之间的深度交流与互动，共同营造浓厚的学习氛围。具体而言，可定期举办班会、学术研讨会及互动性强的团队建设活动，为学生提供一个自由开放的思想交流平台，鼓励他们在碰撞中激发灵感，在分享中深化理解。在此过程中，教师的角色尤为关键，他们不仅是知识的传递者，更是学习的引导者与心灵的启迪者。通过积极的反馈、真诚的鼓励与耐心的指导，教师能够点燃学生的学习热情，增强其自我效能感，使他们在学习过程中勇于发声、敢于质疑，从而真正实现个性化与创造性的发展。人工智能技术的运用正逐步展现出其深远的影响力与巨大潜能。在教育领域，借助智能化的教学平台及管理系统，教育机构得以向学生提供高度个性化的学习经历与即时反馈机制。具体而言，通过运用人工智能技术深入剖析学生的学习行为与成效，教师可以即时洞悉每位学生的学习动态，从而灵活调整教学策略，精准对接不同学生的个性化需求。此外，AI 系统还能智能化地为学生推荐个性化的学习资源与路径，助力他们在符合自身节奏的模式下深化学习。在此智能化辅助之下，学生不仅能在课堂环境中获得即时的指导与协助，亦能在课外自主驱动下进一步提升学业成效。

在金课建设的过程中，跨学科教学环境的构建同样占据着举足轻重的地位。鉴于知识体系的快速迭代与专业领域的深度融合，教育机构亟须打造多元化的学习环境，激励学生主动探索不同学科间的内在联系。在此过程中，教师可发挥引领作用，策划并开展跨学科项目与实践活动，使学生在亲身实践中领悟知识的综合性和应用性。例如，通过设计以解决实际问题为导向的跨学科项目，组织学生开展团队协作，运用多学科知识协同攻克难关。这种跨学科的学习环境不仅有助于深化学生对知识的理解，更能有效培养他们的团队协作能力与创新思维。与此同时，教师的专业成长与发展亦是教学环境建设不可或缺的一环。教育机构应设立专项基金，定期为教师提供教育技术培训、教学法研讨等学习资源，助力其掌握现代教育理念与技术，提升教学能力。教师在持续学习与成长的过程中，将能更加适应教学环境的变化，并以更加饱满的热情投入教学实践中。通过此类内部培养与外部支持的有机结合，教师不仅能够不断积累并丰富自身的教学经验，还能更加高效地发挥专业优势，为学生营造更加优质的学习体验。

教学环境的构建是实现金课愿景的关键保障，它涉及物理空间与心理氛围的双重塑造、传统教学与智能技术的深度融合、学科交叉与教师专业发展的同步推进等多个方面。通过构建全面系统的环境体系，教育机构能够为师生营造一个更加高效和谐、充满激励的学习与教学场所，从而全面提升课程的质量与成效。

（三）资金灵活运用

资金的有效配置与灵活使用不仅关乎教育机构的可持续发展，还直接影响到课程质量的提升以及教师与学生的学习体验。通过合理的资金运用，教育机构能够更有效地支持课程改革、促进教师发展及改善教学环境，进而实现高质量课堂的目标。

首先，资金的有效调配能够有效支持课程内容的更新与开发。在知识更新日益迅速的现代社会，课程内容的及时更新变得尤为重要。教育机构需根据学科特点和市场需求，灵活调整资金的使用方向，将部分经费用于新教材和新课程的研发。通过与行业专家、学术机构及企业的合作，教育机构能够确保课程内容的前瞻性和实用性。例如，通过资金支持，学校可定期组织教师参加行业研讨会，获取最新的行业动态和技术发展信息，并将其转化为课程教学内容。此外，资金的灵活运用还能激励教师自主开发创新课程，通过设立小额资助项目，支持教师在课程设计中引入新技术和新理念，从而激发教师的创造力。

其次，资金的有效配置能够助力教师的专业发展与培训。教师作为课程质量的直接影响者，其专业素养与教学能力的提升对金课建设至关重要。教育机构可借助灵活的资金安排，定期开展各类培训项目，如教学法研讨、信息技术应用培训等，以提升教师的整体素质和教学能力。同时，资金的灵活运用使得培训内容更加多元化，满足不同教师的个性化需求。这种多样化的培训不仅涵盖传统的面授课程，还通过在线学习平台为教师提供灵活的学习机会。通过这种方式，教师能够在适合自己的节奏下进行学习，掌握教育改革的最新趋势和技术，从而更好地将其应用于实际教学中。在教学设备与环境的建设领域，资金的灵活调度同样扮演着举足轻重的角色。现代化教学环境被视为提升教学质量的核心要素，因此，高职院校应当划拨一定比例的资金，专门用于教学设施的更新与维护。

除直接支持课程与教师发展外，资金的灵活调度还应着眼于学生的学习体验与实践机遇。为提升学生的实践能力与综合素养，可运用灵活资金设立奖学金及资助项目，激励学生积极参与各类实践活动、实习及社会服务。此举不仅能强化学生的实践技能，还能使他们在真实环境中运用所学知识，进而增强其就业竞争力。此外，教育机构还应利用资金支持学生社团、科研项目及创新大赛等活动，激发学生的创造力与团队协作精神。学生在参与这些实践活动的过程中，不仅能积累丰富的实践经验，还能培养解决问题的能力和面对挑战的信心。值得一提的是，资金的灵活运用还需关注跨学科与跨专业的合作与交流。在知识日益交叉融合的时代背景下，单一学科的教学已难以满足学生全面发展的需求。因此，高职院校应设立专项资金，鼓励不同学科的教师组建团队，共同开发跨学科课程或开展教学研究项目。这种跨学科合作不仅能提升课程的综合性和应用性，还能为学生提供更为丰富的学习视角与体验。

资金的灵活运用还需加强与社会、行业的合作，以拓宽资金来源与使用范围。教育机构可与企业、社区等建立合作关系，共同为课程建设和教学项目争取外部资金支持。例如，企业可以通过赞助学校的创新项目，提供资金与资源，这不仅能够缓解学校的资金压力，还能在一定程度上增强课程的实用性和市场导向性。同时，教育机构还应积极申请政府的教育专项资金、科研经费等，为金课建设提供更为丰富的资金来源。多元化的资金来源，将使教育机构在推动课程改革、提升教育质量方面更加灵活有效。

综上所述，资金的灵活运用在金课建设中扮演着重要角色。通过合理的资金安排与多样的资金支持，教育机构能够有效促进课程内容的更新、教师的专业发展、教学环境的改善以及学生实践能力的提升。这一策略不仅为教育机构的发展提供了强有力的支撑，还为教师与学生创造了更为优越的学习与教学环境。

第八章　面临的挑战与对策建议

一、学校面临的挑战

（一）数据处理与分析能力要求高

首先，海量数据的处理需求对会计专业的课程设置提出了新的具体要求。以往，会计课程多聚焦于财务会计、管理会计和审计等基础知识的传授与技能的培养。然而，在大数据时代背景下，学生必须学习并掌握如何处理和分析海量数据。这就要求教育机构重新审视并优化课程结构，大幅增加与数据分析相关的课程内容比重。具体而言，可以引入数据科学、统计学、信息技术及大数据分析等前沿课程，以帮助学生全面了解数据的收集、存储、处理与分析的全过程。同时，课程内容还应紧密结合行业实际案例，通过实践教学和项目驱动的方式，学生在真实环境中应用所学知识，从而有效提升他们的数据处理能力。

其次，先进数据分析技术的熟练掌握已成为会计人员不可或缺的核心能力。单纯的数据处理已难以满足当前企业的实际需求，会计专业的学生必须掌握各类数据分析工具与软件，如 Excel、Python、R 语言及数据可视化工具等。这些先进技术的应用，能够助力会计人员从海量数据中高效提取出有价值的信息。因此，会计课程应在教学环节中融入相关软件的培训，并精心设计有针对性的实践项目，让学生在亲身操作中不断提升对数据分析工具的使用熟练程度。此外，教育机构还应积极鼓励学生在课外时间自主学习相关技术，并为其提供丰富的资源与专业的指导。

跨学科知识的整合也成为应对大数据时代挑战的关键。当前，会计专业学生不仅需要掌握会计学的核心内容，还需了解信息技术、数据科学、经济学和管理学等领域的知识。这种跨学科的融合有助于学生从多个视角分析和解决复杂数据问题。因此，教育机构在课程设计中应鼓励跨学科的合作与交流，设置交叉课程，以促进学生对不同学科知识的全面理解和运用。例如，可安排会计与数据科学、信息系统等学科的联动课程，让学生在多学科的知识框架下拓宽视野，优化思维方式。同时，教育者的角色转变同样至关重要。在数据驱动的决策环境中，教师不仅要传授传统的会计知识，还需向学生展示如何利用数据分析支持商业决策。为此，教师需要不断更新知识储备和教学理念，熟悉最新的会计信息系统和数据分析工具，以便有效引导学生掌握新技能。教育机构也应为教师提供培训与发展机会，支持其持续学习和成长，以适应教育改革和行业需求的变化。

在数据处理与分析能力方面，教育机构面临着重要的提升任务。为实现这一目标，教育机构需采取多方面措施。其一，必须更新课程内容和结构，着重增加与数据分析相关的技能教学。其二，培养学生的综合素养与批判性思维能力同样至关重要。其三，跨学科的知识整合以及教师角色的转变也被视为实现这一目标的关键策略。具体而言，通过更新课程内容，教育机构可以确保学生掌握最新的数据分析技能。同时，通过优化课程结构，学生能够更系统地学习相关知识。在培养学生的综合素养方面，教育机构应注重提升学生的综合能力，包括逻辑思维、问题解决能力等。此外，批判性思维能力的培养将有助于学生在复杂多变的数据环境中做出明智的决策。跨学科的知识整合也是提升数据处理与分析能力的重要一环。通过整合不同学科的知识，学生能够获得更全面的视角，从而更好地理解和应用数据分析技能。同时，教师角色的转变也至关重要。教师应从传统的知识传授者转变为学生的引导者和辅导者，鼓励学生主动探索和实践，以提升其数据处理与分析能力。

（二）技术更新与知识结构的更新同步困难

随着大数据技术的蓬勃兴起，各行各业均经历了深远的变革，会计专业的转型与升级之路亦面临重重挑战。尤为突出的是，技术迭代之迅猛与知识结构更新的滞后性之间的矛盾，已成为制约会计教育与职业进步的关键因素。会计专业不仅要紧跟大数据技术的最新步伐，迅速将这些技术革新融入实践应用，还需同步推进会计人员知识体系的更新与升级，以确保其在错综复杂的经济格局中，能高效执行财务管理及决策辅助功能。然而，鉴于会计行业的特定工作环境及个体能力的局限，实现技术与知识更新的同步推进，是一项持久且艰巨的任务。

首要挑战在于，技术更新的速度远超传统教育与培训体系的适应能力。在数字经济浪潮下，诸如人工智能、机器学习、区块链、云计算等新兴技术层出不穷，正快速重塑会计行业的运作逻辑与作业流程。会计专业教育不仅要聚焦于这些新技术的理论框架，更要深入剖析其在具体业务实践中的应用场景。例如，云计算技术的兴起彻底变革了数据存储与处理的模式，而区块链技术的融入则为会计信息的可靠性与透明度提供了前所未有的保障。因此，会计专业教育机构亟须调整课程设置，将上述新兴技术的相关内容融入教学体系之中。然而，传统课程设置往往对新技术的涌现反应迟缓，众多教育机构在理论教学层面仍侧重于传统会计知识，缺乏对新兴技术的深度剖析与实操演练，导致学生在步入职场时难以应对技术的快速更迭。

此外，知识结构的更新亦面临重重阻碍。会计人员在实际工作中，既要具备坚实的会计基础理论知识，又要涉猎大数据技术、信息系统、数据分析等多个领域的知识。这种对复合型人才的需求，迫使会计人员必须持续学习，不断丰富和完善自身的知识结构。然而，众多会计从业人员，尤其是中小企业的财务人员，在日常工作中往往受到时间与精力的双重制约，使得知识结构的更新成为一大难题。在应对多重职责的繁重压力下，个体往往难以腾出充裕时间用于系统性学习及技能精进。进一步而言，行业内部存在部分从业者对新技术的接纳持保守态度，他们更习惯于依赖既有经验与传统作业模式，这一现象导致知识体系更新滞后。鉴于此，会计专业在教育培养环节必须着重强调知识更新的重要性及迫切性，引导在校学生及职场人士认识到，在大数据时代背景下，仅凭传统知识已难以胜任当前工作需求。在技术与知识同步迭代的进程中，教育机构扮演着举足轻重的角色。高等院校与职业培训组织需与校方、行业协会及科技企业构建稳固的协作机制，以便及时捕捉行业最新动态与技术进展，确保教学内容既具前瞻性又富实用性。此类合作不仅有助于学生在理论与实践间架起桥梁，还能促使教育机构依据市场需求灵活调整课程架构，进而提升毕业生的职场竞争力。

同时，教育机构应积极开拓在线学习平台与资源，依托虚拟教室、大型开放在线课程（MOOCs）等新型教学模式，降低学习准入门槛，增强学习的灵活度与便捷性，以贴合多元化学习者的需求。此外，行业内部的继续教育与职业培训亦需同步加强。面对技术迭代的挑战，教育机构应为学生设计多元化的培训项目，助力其掌握新兴技术与知识。通过一系列系统的内部培训、专题工作坊及行业论坛，教育机构不仅能提升学生的专业技能，还能激发团队凝聚力与创新潜能。鼓励学生开展自主学习与探索，同样是提升整体知识层次的有效途径。教育机构应为学生提供必要的学习资源与时间保障，激励他们积极参与外部培训及行业交流活动，实现个人成长与企业发展的双赢。综上所述，随着大数据技术的蓬勃兴起，会计专业在技术革新与知识结构升级的同步推进中面临着诸多考验。教育机构必须采取更为灵活且适应性强的策略，适时调整课程内容，帮助学生掌握新技术的应用。同时，教育机构亦需大力推进内部培训工作，以应对技术更新的挑战。倡导学生持续精进其知识体系，以有效应对职业生涯中即将涌现的挑战。唯有实现技术与知识的并行迭代，方能进一步拓宽会计专业人士的发展路径，确保他们在日新月异的商业领域中保持竞争优势。

（三）信息安全与隐私保护问题突出

随着数据量的指数级增长，特别是在金融、商业及企业管理等领域，数据的处理与存储已成为日常工作不可或缺的一部分。会计专业，作为企业财务信息处理的核心环节，承担着大量敏感数据的采集、分析及报告的重要职责。然而，在处理如此庞大的数据集时，如何确保信息安全及保护客户隐私，已成为会计行业亟待解决的重大课题。

首先，数据的安全性问题在会计专业中显得尤为重要。会计人员需严格遵守一系列信息安全相关的法规与标准，包括数据加密、访问控制、身份验证等关键措施，以确保信息免受未经授权的访问与篡改。近年来，网络攻击频发，企业面临的数据泄露及信息被恶意使用的风险显著上升。例如，黑客可能通过多种手段侵入系统，窃取客户的个人信息及财务数据，这不仅会造成企业的经济损失，还可能严重损害学校的声誉及客户的信任。因此，会计专业必须在教学环节中强化信息安全的相关知识，确保学生充分理解并掌握相关技术与法规，从而有效维护数据的安全。

其次，隐私保护问题同样是会计专业在大数据环境下所面临的重大挑战。会计行业涉及大量个人及商业机密信息，如何合法合规地使用及存储这些信息，已成为一个复杂且敏感的议题。特别是在全球范围内，关于数据保护的法律法规（如欧盟《通用数据保护条例》

等）日益严格。学校在搜集及处理用户数据时，必须严格遵守相关法律。因此，会计专业需密切关注与隐私保护相关的法律法规，培养学生的合规意识及伦理道德观念，使其在实际工作中能够合理、合法地利用数据资源。

学校可通过设立信息安全实训课程、组织模拟网络攻击与防御演练等方式，来加深学生对信息安全和隐私保护的理解与应用。同时，借助丰富的实践案例，引导学生在实际操作中学习识别与应对信息安全风险的方法，进而提升其解决问题的能力。此外，教育机构可邀请行业专家进行专题讲座与指导，使学生及时了解当前信息安全的最新动态与技术发展趋势，从而增强他们对信息安全重要性的认识。与此同时，学校在数据安全和隐私保护方面的责任同样不容忽视。作为会计专业的教育机构，学校应建立健全的信息安全管理体系，确保学生在处理数据时遵守既定的安全规范。这包括制定完善的数据管理政策、定期开展信息安全培训、执行系统的安全审计等举措，以全面提升学生的安全意识和技能水平。学校还应积极采用先进的信息安全技术，如数据加密、入侵检测与防御系统等，以强化对数据的保护力度。同时，为了确保内部数据处理的透明度和合规性，学校需建立严格的数据访问权限管理机制，严格限制对敏感信息的访问权限，确保仅有授权人员能够处理和使用相关数据。在技术快速发展的背景下，信息安全与隐私保护的策略需不断更新。随着云计算、人工智能、区块链等新兴技术的广泛应用，信息安全的挑战日益复杂多变。例如，云服务的普及虽然使数据存储与处理变得更加便捷，但随之而来的数据管理和隐私保护问题也日益凸显。因此，学校在使用云服务时，需审慎选择云服务提供商，确保其具备可靠的安全保障措施，并定期审核其合规性。

（四）跨界融合与跨学科人才培养的难题

在会计学与大数据科学、计算机科学及统计学等领域的深度融合背景下，如何培育兼具多学科知识与技能的复合型人才，已成为一个亟待攻克的关键议题。然而，在推进跨界融合的人才培养实践中，仍面临重重阻碍，亟须高等教育机构、企业乃至社会各界的协同努力，以构建一套行之有效的跨界人才培养体系。

首要的是，会计学科与其他领域的交叉融合为人才培养开辟了新的路径。随着大数据技术日新月异的发展，会计行业的作业模式与职能范畴正经历着深刻的转型。传统会计角色需向精通数据解析与洞察的复合型人才转变，这要求他们掌握计算机科学、统计学等基础理论与技术。例如，在数据挖掘与分析的实践中，会计人员需熟练运用数据分析软件及编程语言（诸如 Python 与 R 语言），以从庞大的数据集中提炼出有价值的信息。此外，对大数据处理流程与工具的掌握，将极大助力会计人员提升财务预测、风险评估及决策辅助的效能。因此，会计教育体系需强化与计算机科学、统计学等领域的整合，旨在培育具备跨学科能力的专业人才。

然而，当前教育体系在跨学科人才培养层面仍面临诸多限制。众多高校在课程规划上仍较为局限，主要聚焦于传统的会计学科，忽视了与其他学科的交叉融合，导致学生在学习过程中难以获得对相关跨学科知识的深入认知与实践机会。同时，教师队伍的建设亦面临挑战，多数会计教师的专业背景局限于会计领域，对计算机科学及数据分析的掌握相对薄弱。因此，提升教师的跨学科教学能力，并为其提供相应的培训与支持体系，对于实现高效的跨界人才培养至关重要。

此外，企业在推动跨界人才培养方面的作用亦不容小觑。在常规教育体系中，会计部门往往遵循既定的操作流程，对于接纳新兴技术和方法的态度趋于保守。这一现状致使会计从业者普遍缺乏跨学科知识体系的支撑与最新技能的掌握，难以有效应对市场环境的快速变迁。鉴于此，教育机构亟须主动担当起人才培育的重任，通过构建全面且系统的内部培训体系，助力学生增强跨学科能力。具体而言，教育机构可定期策划并实施数据分析、信息技术及大数据运用等领域的培训项目，激励学生投身于相关的学习互动与实践活动中，从而提升其综合素养与创新能力。此外，与高等教育机构建立合作关系，设立实习实训基地，让学生在真实工作环境中磨炼跨学科技能，提前感受职场挑战，亦是不可或缺的一环。

在跨界人才培养的过程中，社会各界的鼎力支持与积极参与同样具有举足轻重的地位。政府与行业协会可通过政策引导与资源配置，促进教育机构与高校之间的深度合作，为跨学科教育的繁荣发展铺设道路。诸如设立专项资助计划，资助高校研发跨学科课程体系，激励教育工作者在跨学科教学领域的创新实践。同时，政府携手行业协会及教育机构，共同举办行业论坛、研讨会及培训班，增进各方在人才培养领域的沟通与协作。通过多方协同努力，为跨界人才的孕育提供优越的环境与条件。

（五）实践应用与理论研究的差距

在当前大数据技术迅猛发展的背景下，会计专业的升级与改造面临着诸多挑战，其中最为突出的是实践应用与理论研究之间的显著差距。此差距不仅削弱了会计教育的质量和成效，还限制了会计行业在数字化转型进程中的发展潜力。因此，明确实践应用与理论研究之间的关联，并探索缩小这一差距的途径，对于促进会计专业精品课程建设、推动学科发展具有重要意义。

尽管大数据技术的持续进步促使会计领域的理论研究逐渐增多，但理论研究与实际应用之间仍存在明显的脱节。传统的会计教育和研究主要聚焦于会计准则、财务报表编制等基础知识，而对大数据工具和技术的探讨相对匮乏。这种研究缺失导致会计专业在实际操作中难以充分利用大数据分析的优势。例如，在财务预测、风险管理和决策支持等关键领域，企业迫切需要对海量数据进行分析与解读，但传统的会计理论未能有效指导这些实践操作，进而造成数据分析能力的欠缺。在此情境下，会计专业的学生和从业人员在面对复杂的商业环境时，往往感到困惑，难以将理论知识有效转化为实践能力。

一方面，技术的快速迭代使得会计专业人员难以跟上其发展的步伐。许多企业在实施大数据技术时，由于缺乏相应的专业知识和技能支持，无法有效利用数据资源。例如，数据的采集、存储和分析需要复杂的算法和工具，然而，许多会计人员并未接受过相关培训，因此无法充分发挥大数据的价值。另一方面，企业在具体实施大数据技术时，常面临数据隐私与安全、数据质量和整合等多重问题。这些问题直接影响了数据的使用效率和结果的可靠性，进而阻碍了大数据在会计行业的应用。

理论研究的深化与拓展需紧密贴合实践需求。会计理论研究者需密切关注行业动态，及时反馈实践中遭遇的问题与挑战，旨在通过研究提出切实可行的解决方案。为此，学术界与行业间需建立更为紧密的联系，通过调研、座谈等多种形式，深入了解会计行业在大数据应用过程中的具体需求与难点。在此基础上，理论研究应更多地引入实证研究与案例分析，为会计教育与实践提供更为坚实的理论基础。为缩小实践应用与理论研究间的差距，会计教育需进行相应改革与创新。这不仅涉及课程设置的调整，更要求在教学理念、方法及评价体系等方面进行全面革新。高校应在课程中增设大数据相关知识模块，强化数据分析、数据挖掘及信息系统等内容的教学，以满足未来会计从业人员的需求。同时，构建多元化的教学方法，如案例教学、项目驱动学习等，借助真实的商业案例与实践项目，使学生能够在实际操作中应用理论知识，提升其实践能力与问题解决能力。

校际合作亦需得到加强，通过共建实习基地、联合开展课题研究等方式，让学生在真实的工作环境中锻炼技能，进一步缩小理论与实践的差距。在数字化转型的背景下，行业内部也应积极推动实践应用与理论研究的互动。学校应关注会计专业的学术研究，为其提供现实需求与数据支持；同时，在技术实施与数据应用过程中，学校应与企业合作，将研究成果转化为实际应用，共同推动会计行业的发展。这种合作不仅能增强理论研究的实用性，也能为企业提供持续的理论支撑，助力其在大数据技术应用中形成系统化的解决方案。政府与行业协会亦应发挥积极作用，通过制定政策与建立标准，促进会计教育与实践的深度融合。例如，政府可设立专项资金，以支持相关研究与应用的开展，为会计行业的持续发展提供有力保障。

总之，在大数据背景下，实践应用与理论研究之间的差距，已成为会计专业升级改造过程中面临的重要挑战之一。为有效缩小这一差距，提升会计专业的整体水平，需采取以下措施：加强教育改革，推动校企合作，强化理论与实践的互动，并充分借助政府与行业协会的支持。展望未来，随着大数据技术在会计行业的深入应用，理论研究将逐步与实践相结合，二者相辅相成，共同推动会计专业的创新与发展。

二、技术方面的挑战

（一）数据安全与隐私保护

在大数据技术与会计专业精品课程构建并进的过程中，数据安全性与隐私防护的议题逐渐浮出水面，构成了亟待攻克的核心难题。随着教育机构数据量呈指数级增长，如何坚实保障数据的安全防线，以及如何维护用户隐私不被非法侵扰，已成为会计领域亟须应对的重大课题。既往的会计信息系统,在数据保存与处理流程中,频繁暴露出安全缺口,这些缺陷为数据外泄与不当使用铺设了隐患之路,进而可能触发法律追责与经济赔偿的双重危机。

鉴于此,课程的建设实践中,必须融入数据加密技术、精细化的访问控制体系以及数据匿名化处理等前沿策略,旨在构筑企业财务数据的安全堡垒。首要的是,随着教育机构数据累积量的急剧膨胀,数据的安全挑战愈发严峻。传统的会计信息系统大多依赖于固定的防护手段,难以抵御来自黑客侵袭、内部人员背叛等多维度的风险。数据在其生命周期的存储、传输、处理各阶段,均可能面临恶意软件侵袭、网络钓鱼陷阱以及社会工程学攻击等多重安全威胁。这些攻击手段日益狡猾,常能轻易绕过传统防护网,导致企业财务数据的泄露与滥用事件频发。

以部分企业建立的会计数据库为例,其中可能囊括了客户的敏感身份信息及财务往来记录,一旦此类数据不幸泄露,不仅客户隐私将面临重大侵害,企业的公众形象与信任基石亦将遭受严重动摇。因此,强化会计信息系统的安全防御能力,已成为刻不容缓的任务。面对上述挑战,精品课程的建设需积极采用先进的数据加密技术,作为提升数据安全性的关键举措。数据加密技术通过将原始数据转化为不可直接读取的格式,确保仅有获得授权的用户才能通过解密过程访问数据内容。运用高强度的加密算法,如 AES 与 RSA,可以有效屏蔽财务数据,即便数据不幸被盗,也能大幅增加黑客解读与利用的难度,从而有力守护数据的完整与安全。在数据传输的语境下,加密技术同样扮演着举足轻重的角色,它能够有效保障数据在网络传输途中的保密性和完整性,防止数据被非法截获或篡改。因此,构建一个安全的会计信息系统,不应仅仅局限于防火墙和杀毒软件的部署,更需从数据层面着手,实施严密的加密措施,以确保数据在传输、存储及处理等各个环节的安全性。

此外,建立健全的访问控制机制亦是维护数据安全不可或缺的一环。通过科学合理的访问控制策略，可以严格限制对敏感数据的访问权限，仅允许经过身份验证且具备相应职责的人员访问和处理特定的财务信息。具体而言，采用基于角色的访问控制（RBAC）系统，能够依据用户的工作职责和实际需求，精准分配数据访问权限，这种精细化的权限管理机制不仅能够有效遏制数据滥用行为，还能实现数据访问记录的追溯，为审计和合规性检查提供有力支持。

在会计专业金课的建设过程中，引入高效且灵活的访问控制机制，对于加强数据安全管理、降低内外部风险具有重要意义。同时，数据脱敏技术在会计信息系统的安全防护中也发挥着举足轻重的作用。作为一种对敏感信息进行处理的技术手段，数据脱敏通过修改或隐藏数据内容，在不影响数据分析结果的前提下，有效保护了用户的隐私信息。在进行数据分析或数据共享时，采用数据脱敏技术对客户的姓名、地址、银行账户等敏感信息进行掩码处理，可以确保这些敏感信息不被泄露，从而既保护了用户隐私，又降低了因数据泄露而引发的法律风险。

将数据脱敏技术融入会计信息系统的设计与实施阶段，能够更好地平衡数据利用与隐私保护之间的关系，为企业在应对合规性审查时提供坚实的支撑。此外，在金课建设中，加强数据安全与隐私保护的教育同样不容忽视。高校和教育机构在培养会计专业人才时，应着重提升学生的数据安全和隐私保护意识，培养其合规思维与伦理责任感。在课程设置上，可以增设数据安全法律法规、信息系统安全管理等相关内容，以全面提升学生的专业素养和综合能力。

建立健全的数据安全监控体系同样不可或缺，以便及时发现并有效应对潜在的安全隐患及事件。通过迅速响应与妥善处理数据安全事件，企业能够最大限度地减轻数据泄露所带来的损失，从而有力维护客户信赖与企业形象。综上所述，在大数据与会计专业精品课程的建设进程中，数据安全与隐私保护面临着一系列严峻挑战。具体而言，数据泄露风险的上升、传统会计信息系统的安全缺陷以及数据保护措施的不足，均凸显出确保数据安全性与用户隐私保护的复杂性和紧迫性。因此，我们必须积极采纳先进的数据加密技术、构建高效的访问控制体系以及实施数据脱敏策略，以确保企业财务数据的绝对安全与可靠。

(二) 数据处理与分析能力

数据的急剧增长正深刻重塑着各行各业的工作流程及决策机制。尤其在会计专业领域，面对海量的财务数据，如何高效地处理与分析这些数据已成为一项亟待解决的重要挑战。会计专业的工作范畴已不再局限于处理传统的结构化数据，如财务报表、账单及交易记录，还需应对日益增多的非结构化数据，包括社交媒体评论、电子邮件及客户反馈等。这些数据的多样性与复杂性对会计信息系统提出了更为严苛的要求，迫使其必须具备强大的数据处理与分析能力，以便从海量数据中提炼出有价值的信息，为管理层的决策提供有力支撑。

随着企业运营的全球化及市场环境的日益复杂化，传统的会计信息处理方式已明显无法满足现代企业对数据处理与分析的需求。传统的会计系统多依赖于静态的数据处理方法，缺乏实时分析能力，难以应对快速变化的财务环境和客户需求。因此，在升级改造会计信息系统时，必须充分考量如何融入大数据处理理念与技术。引入大数据处理框架是应对这一挑战的有效途径。诸如 Hadoop 与 Spark 等框架，能够处理海量数据集，提供高效的分布式计算能力，支持数据的快速存储、查询与分析。这些技术的应用，不仅能显著提升会计信息系统的整体性能，还能帮助会计人员在更短的时间内获取更为准确且全面的财务信息，进而增强决策的有效性。Hadoop 作为一种广泛应用的大数据处理框架，能够存储与处理海量的多种类数据。其分布式存储与处理能力使得会计专业在处理大规模交易数据时能够实现更高的效率。例如，Hadoop 的 HDFS（Hadoop Distributed File System）

能够将海量的财务数据分散存储于多个节点上，有效降低数据存取的延迟。而通过 MapReduce 编程模型，Hadoop 能够实现对这些数据的并行处理与分析，进一步提升数据处理的速度与准确性。能够并行处理复杂数据分析任务的系统，对于会计专业人员而言，具有显著优势。这些系统能够迅速分析和总结大量财务信息，精准识别关键趋势与模式。Apache Spark 作为一种基于内存的快速大数据处理引擎，在会计信息系统的升级中同样扮演着至关重要的角色。

相较于 Hadoop，Spark 提供了更为高效的实时数据处理能力，并支持数据流分析。这一特性使得学校在瞬息万变的市场环境中能够迅速做出反应。Spark 的数据分析工具集功能强大，可在统一平台上实现数据处理、机器学习和图形分析等多种功能，极大地提升了会计人员的数据分析能力。具体而言，利用 Spark 的机器学习库（MLlib），会计专业人员可以对历史财务数据进行深度学习，从而预测未来的财务走向和潜在风险。基于这些预测，他们能够制定更为精准的财务策略。为了有效利用这些先进的数据处理和分析工具，会计专业的教育和培训必须做出相应调整。传统会计教育往往侧重于会计准则、财务报告和审计等领域的知识，而对数据处理和分析的关注相对较少。因此，在构建新的会计专业课程体系时，必须将大数据处理能力作为一项核心技能进行培养。

教育机构可通过更新课程设置，增加数据分析、统计学、编程语言（如 Python 和 R 语言）以及大数据技术等课程内容，帮助学生掌握必要的工具与技能，为其未来的职业生涯奠定坚实基础。同时，通过实践项目和案例分析，学生在真实的业务场景中运用所学知识，进一步提升其数据处理与分析能力。此外，企业在实际应用大数据处理和分析技术的过程中，还应注重建立数据驱动的文化。企业管理层须深刻认识到数据的重要性，将数据分析纳入日常决策中，以充分发挥数据的价值。通过建立数据分析团队，企业能够集中专业人才，对财务数据进行更为深入的剖析。

综上所述，在大数据时代背景下，会计专业在金课建设中面临着数据处理与分析能力的重大挑战。随着企业财务数据的不断增长，传统的会计处理方式已难以适应现代信息系统的需求。为解决这一问题，企业和学校需积极引入 Hadoop、Spark 等先进的大数据处理框架与工具，以全面提升会计数据的处理效率与分析能力。

（三）系统集成与兼容性

当前会计信息系统大多建立在多样化的技术框架与数据库基础之上，这一现状阻碍了系统间高效的数据整合与共享进程。鉴于企业数据量持续攀升的背景，探索解决此类系统兼容性问题、达成数据无缝流通与共享的路径，已成为保障会计信息系统效能的核心议题。因此，在金课构建实践中，深入考量新系统与既有业务流程的融合策略，确保新开发的会计信息系统能与企业其他管理系统实现无缝对接，对于提升整体运营效能及数据价值至关重要。

首要问题在于，企业内部并存着多种信息系统，它们可能依托于不同的技术架构、数据库管理系统及数据编码标准。例如，部分企业仍沿用传统的会计软件包，这些软件多基于关系数据库（诸如MySQL 或 Oracle），而其他部门则可能已转向云计算技术，运用非关系数据库（如 MongoDB 或 Cassandra）。此类异构环境极大地复杂化了数据流通与信息共享过程，导致了信息孤岛现象的加剧，数据冗余存储与处理现象频发，严重浪费了信息资源与人力成本。

针对上述问题，强化数据标准化与接口建设尤为重要。在金课开发进程中，应着手制定全校范围内的数据标准体系，确保各系统间数据能够遵循统一的格式传输与交换。这要求明确数据的定义、格式规范、计量单位等，并编纂相应的数据字典，促使各部门遵循一致标准进行数据操作。此外，为实现系统间的有效集成，企业和学校应积极推进应用程序编程接口（API）与中间件等技术的研发与引入，确保不同系统间的信息交互与共享畅通无阻。这些技术措施的实施，将有效破除信息孤岛，促进数据流动的高效与即时性。

新系统建设还需深度考量与现有业务流程的整合问题，以确保系统的实用性与兼容性。在既往的会计信息系统架构中，常出现僵化设计之弊，难以全面贴合业务部门的具体运作需求，进而在系统迭代或更替之际，对企业的日常运营构成干扰。鉴于此，于金课构建进程中，对既有业务流程实施全方位审视与剖析，识别并剖析潜在流程瓶颈及痛点，成为设计新型系统功能模块的先决条件。深化与业务部门的协同沟通，旨在确保新系统规划能精准对接业务需求，从而增进系统的采纳率与满意度。

技术迭代不息，业务需求亦随之演变，现有系统功能可能难以满足新兴需求。因此，定期评估与更新信息系统，迅速修补安全漏洞与兼容性难题，对于维护系统的效能与安全具有决定性意义。同时，学校应组织定期培训，确保学生能够熟练掌握新系统操作，适应业务需求的动态变化，提升系统综合使用效能。此外，在新系统的部署过程中，数据安全与隐私防护问题不容忽视。随着数据量激增，敏感财务信息的保护工作愈发关键。系统集成时，学校需采取诸如数据加密、访问控制等安全措施，确保敏感数据仅供授权人员访问处理。同时，建立健全数据备份与恢复机制，有效防范系统故障或网络攻击引发的数据丢失风险，确保数据资产的安全无虞。尽管学校在应对系统集成与兼容性问题的过程中需承担较高的资源与时间成本，然而，这一努力所蕴含的长远效益却极为显著。借助信息系统的深度整合，学校能够达成数据的即时交互与深入剖析，进而在决策环节提升判断的精准度。此举不仅促进了会计信息的公开透明，而且极大增强了学校的整体运营效能。总体而言，在大数据背景下会计专业金课构建中，系统集成与兼容性构成了一个不容忽视的关键挑战。为应对这一挑战，学校需采取数据规范化、接口研发及模块化构造等多种策略，以保障系统与业务流程的紧密融合，促进数据的高效流通与应用。

（四）人工智能与自动化应用

人工智能（AI）技术的蓬勃发展，为众多行业领域带来了深远的变革，其中会计专业领域尤为显著，其在会计金课构建中的地位日益凸显，不容忽视。具体而言，智能审核、自动化税务申报、财务预测及数据分析等 AI 技术的运用，显著提升了会计工作的自动化水平及效率，使得会计人员得以从繁重的事务性工作中抽身，转而聚焦于更具战略高度的决策支持任务。然而，在会计金课建设的进程中，伴随着人工智能技术的广泛应用，一系列挑战也随之浮现，尤其是关于 AI 技术的可靠性与稳定性问题，这些问题亟待有效解决，以确保其在核心业务环节中能够发挥预期功效。

首先，AI 技术的融入极大地增强了会计工作的效率与准确性。以智能审计为例，传统审计流程往往需要会计师投入大量时间进行手工数据复核与分析，而 AI 技术的引入则实现了审计流程的自动化，显著缩短了审计周期。借助人工智能算法，系统能够迅速处理海量财务数据，精准识别潜在异常与风险，提供即时审计反馈，助力会计人员快速发现并应对问题。

其次，AI 技术在自动化税务申报方面的应用同样显著。智能系统能够紧跟税法变化，实时更新报税规则，自动生成准确无误的报税文件，有效降低了人工错误率，提升了税务工作效率。尽管 AI 在提升会计自动化程度与效率方面展现出卓越表现，其在应用过程中仍不可避免地面临着可靠性与稳定性的考验。AI 系统的决策结果高度依赖于训练数据的质量，若训练数据存在偏差或瑕疵，其决策结果亦可能受到影响。因此，在金课建设过程中，必须高度重视数据的精确性与全面性，确保采用高质量数据对 AI 模型进行训练，以提升其决策可靠性。

学校在引入人工智能技术时，亦需审慎考虑，确保技术应用的合理性与有效性，为会计金课的构建提供坚实的技术支撑。构建一套高效的监控与评估体系对于持续监测人工智能系统的运行状态至关重要，旨在确保其稳定运作，有效规避技术故障或系统缺陷可能对业务运营造成的负面影响。此外，提升学生的人工智能素养亦不容忽视，通过强化培训加深他们对人工智能技术的理解，指导其正确运用工具，从而降低因操作失误引发的合规风险。在推动人工智能与会计领域的有效融合过程中，金课建设还需着重于技术与业务的深度融合。会计实践不仅限于数字操作，更需深刻理解业务逻辑与行业特性，因此，培养兼具会计专业知识与人工智能技能的复合型人才成为当务之急。教育机构可通过整合课程资源，将会计理论与人工智能技术教育相结合，开设机器学习、数据挖掘、自然语言处理等前沿课程，为学生装备适应未来会计行业需求的技术基础。

进一步地，借助实际项目操作与案例分析，让学生在真实环境中应用所学知识，增强其动手能力和问题解决技巧。同时，教育机构在应用人工智能技术时，需加强与技术供应商的战略合作，依据自身业务需求、数据规模及技术成熟度，精心挑选最适合的人工智能解决方案。面对市场上纷繁复杂的人工智能工具和平台，学校应实施综合评估策略，确保所选方案与学校目标相契合，并能有效支撑业务发展。为此，建立项目管理机制，对人工智能技术的引入及应用实施全程监控与管理，确保技术实施与学校长期规划保持一致，为业务增长提供坚实支撑。尽管人工智能技术为会计领域开辟了前所未有的广阔前景，教育机构在推广及实施该技术的过程中仍需秉持审慎态度。技术进步所引发的深刻变革，伴随着诸多未知因素，要求学校必须紧跟时代步伐，不断更新自身的技术体系，以便更好地适应瞬息万变的市场环境。

第九章 未来发展趋势与挑战

一、AI 技术在教育中的潜在趋势

（一）个性化学习体验的提升

AI 技术的融入，极大地促进了个性化学习的可行性和效率，为学生构建了一个更为灵活且适应性强的学习环境。AI 技术通过对学生数据的深入分析，助力教育者全面把握每位学生的学习习惯、优势与不足，以及兴趣爱好，进而为其设计个性化的学习方案。这一转变不仅深刻改变了教学方式，还显著提升了学生的学习体验和成效。

具体而言，AI 技术凭借其强大的数据分析能力，能够高效地收集和处理学生的学习数据，涵盖学习进度、作业完成情况、课堂表现等多个方面。这些数据的汇聚与解析，使教育者能够精准识别学生的学习模式和需求。例如，利用数据挖掘工具，教师可以迅速定位在特定知识点上遇到困难的学生，或发现哪些学习资源备受学生欢迎。基于这些洞察，教师能够依据学生的反馈和表现，及时调整教学策略，确保每位学生都能获得更具针对性的教育支持。这一数据驱动的决策过程，将个性化教学从理论推向实践，直接提高了教育的质量和效率。

此外，智能化的学习平台和工具赋予了学生自主选择学习内容、进度及方式的权利。这种自主性极大地激发了学生的学习动机和参与感。AI 辅助的学习系统能够根据学生的兴趣和理解能力，推荐适宜的学习材料和课程，学生可在这些建议中自由挑选最适合自己的学习资源。同时，学生还能根据个人时间安排和学习节奏，灵活调整学习计划。这种灵活性是传统课堂难以比拟的，它赋予了学生学习的主动权，使他们在个性化的学习环境中充分释放潜力。

更进一步地，借助自适应学习系统，学生在学习进程中可根据自身进展自动调整学习路径。这一功能意味着学习更加贴合学生的实际需求，促进了学习效率的提升。若学生在特定知识点上掌握迅速，系统能够自动为其推送更具挑战性的内容。相反，当学生在某一领域遭遇困难时，系统则会提供额外的练习与必要的支持。这种动态调整的能力，作为 AI 技术的独特优势，不仅显著提升了学习效率，还确保了学习内容的深度与广度，助力学生在个性化的学习路径上稳步前进。这种个性化的教育模式有效克服了传统教育中"一刀切"的弊端，真正践行了因材施教的教学理念。

教育者亦可通过这些反馈数据，掌握全班的学习动态，以便在宏观层面对课程内容和教学策略进行适时调整。在大数据与会计专业教育中，AI 技术的应用进一步延伸至课程设计与教学方法的创新。教师可借助 AI 分析学生的课程参与度与学习反馈，依据学生的整体表现灵活调整课程内容和教学策略。例如，当发现某些教学内容难度较大且学生普遍反映问题时，教师可考虑增设辅导与练习环节，确保所有学生均能跟上学习进度。同时，教师还可利用 AI 生成的分析报告，进一步优化课程设计，提升教学质量。这种基于数据的课程迭代，使教育者在教学上更加精准高效，真正构建出满足学生需求的教育体系。

（二）智能教学助手的广泛应用

智能教学助手在大数据与会计专业教育领域内的广泛运用正逐

渐彰显其巨大的潜力与显著优势。这些智能助手不仅能够有效分担教师的部分职责，例如批改作业、提供即时反馈及解答学生疑问，还在教育流程中扮演着不可或缺的角色。它们的引入，一方面减轻了教师的负担，另一方面促使教师能将更多时间与精力投入更具创新性和个性化的教学活动中，从而进一步提升教育质量及优化学生体验。

首先，智能教学助手通过自动化功能批改作业，显著提升了工作效率。以往，教师在大数据与会计这类专业课程中，需花费大量时间批改作业并提供反馈，尤其是面对涉及复杂计算与分析的题目时，教师不仅要逐一验证答案的准确性，还需对学生的解题思路与方法进行评价。而智能教学助手利用算法分析作业内容，能够迅速且准确地评判学生作业，并即时提供反馈。这种即时反馈机制使学生在提交作业后，能迅速了解自身在哪些方面表现优异，哪些方面有待提升。这种反馈的及时性有助于激发学生的学习热情，因为他们能在第一时间看到自己的进步或发现存在的问题，从而更快地调整学习策略。

其次，智能教学助手在解答学生问题方面的功能，对于缓解教师在教学过程中面临的压力尤为重要。在大数据与会计课程中，学生通常会遇到理论理解、数据分析应用、软件操作技巧等多种问题。智能助手的出现，为学生构建了一个 24 小时不间断的学习支持系统。学生无须等到上课时才能向教师提问，而是可以随时向智能助手寻求帮助，这极大地提升了学习的灵活性与自主性。同时，在智能助手的辅助下，教师可以定期分析学生的提问情况，及时洞察哪些知识点更易引发疑问，从而在后续教学中更有针对性地开展讲解。在大数据与会计专业教育领域，智能教学助手的应用显著推动了个性化学习的实现。具体而言，智能助手通过分析学生的学习数据，能够精准识别每位学生的学习习惯、能力层次及兴趣特征，并据此为其量身定制学习资源和路径。

基于数据分析的个性化推荐机制，不仅有效提升了学生的学习动力，还助力他们更高效地掌握课程知识。例如，智能助手可根据学生过往的学习成效，智能建议其学习新知识或巩固复习的时机，确保每位学生都能按照个人节奏学习，从而在课程中取得佳绩。此外，智能教学助手还积极协助教师进行教学策略的调整与优化。通过全面收集与分析学生学习数据，智能助手为教师提供了班级整体学习情况的详尽概览。同时，根据学生的学习进度和知识掌握状况，智能助手能够反馈哪些教学方法和内容最为有效，哪些则需改进。这种数据驱动的决策支持，使教师能够摒弃单一的经验判断，转而依据事实和数据做出更为科学合理的教学调整。当智能助手分析显示某知识点掌握率较低时，教师可据此增设专项辅导或调整讲解方式，确保每位学生都能在理解和应用上达到预期目标。

智能教学助手在课程设计与教学资源开发方面也发挥着重要作用。在大数据与会计专业中，课程内容更新迅速，AI 助手能够迅速整合最新的行业信息与教育资源，为课程的持续改进提供有力支撑。利用智能助手，教师可开展市场调研，准确把握大数据和会计行业的最新发展动态及学生对课程内容的需求变化，从而精准调整课程设置，确保教育内容与行业需求紧密相连。同时，智能助手还可助力教师设计多样化的教学活动，进一步丰富教学形式与内容，提升教学效果。

（三）数据驱动的决策支持

会计专业教育领域，其展现出的潜在趋势尤为突出，尤其是在数据驱动的决策支持层面。AI 技术能够高效地处理并深入分析大量的教育数据，为教育管理者提供科学、可靠的决策依据，使教育决策不再仅仅依赖于经验和直觉，而是牢固建立在数据分析的基础之上。这一转变极大地提升了教育管理的精准度和效率。在会计专业教育中，AI 技术的应用具有深远的战略意义。它不仅能够显著提升教育质量，还能有力促进教育公平，为学生的个性化发展提供有力支持。具体而言，AI技术通过深度分析学生在学习过程中的行为，能够捕捉到诸多潜在信息。诸如学习成绩的变化趋势、课堂参与度、作业完成情况、时间管理能力以及心理状态等因素，均可被量化并进行可视化呈现。

这种深度的数据分析，一方面有助于学校全面了解每个学生的学习状态，另一方面也能揭示整体的学习模式和趋势。对于教育管理者而言，这些数据无疑是制订教学计划和管理策略的重要参考。依据这些数据，学校能够及时发现学习困难的学生，并为其提供个性化的辅导和帮助，进而有效降低辍学率，激发学生的学习兴趣和动机，最终实现教育的公平与包容。此外，AI技术在课程设计和教学策略的制定方面也发挥着举足轻重的作用。通过数据分析，可以精准识别出哪些教学方法、课程内容和评估方式更为有效，从而据此优化课程设置。例如，基于学生的学习偏好和效果分析，教育管理者可以合理调整课程内容的难度，设计出更符合学生认知发展规律的模块化课程。这使学生在学习过程中能够感受到知识的连续性和进阶感，对于其掌握会计专业知识至关重要。同时，AI还能通过智能推荐系统，为学生提供量身定制的学习资源，从而有效提升学习效率和学习体验，确保每个学生在各自的学习路径中都能获得最佳帮助。综上所述，AI技术在会计专业教育中的应用前景广阔，其对于提升教育质量、促进教育公平以及实现学生的个性化发展具有重要意义。

AI技术能够借助大数据分析，为学校提供市场需求分析及职业预测服务。在当前经济环境快速变化的背景下，会计行业的需求持续演变。为培养适应未来就业市场的人才，教育机构需根据市场变化及时调整专业设置与课程内容。通过运用AI技术，学校可深入剖析海量行业数据，把握会计行业的最新趋势与需求。据此，学校能够灵活调整课程设置与实训项目，为学生提供更符合市场需求的教育资源。此举不仅增强了学校的竞争力，还为学生的职业发展提供了更为坚实的保障。然而，AI技术在教育管理中的应用亦面临挑战。数据隐私与安全问题是教育机构采用 AI 技术时不可回避的重要议题。在收集与分析学生数据时，学校必须确保数据的安全性与隐私性，有效防止数据泄露与滥用。此外，教育管理者需具备相应的数据分析能力，方能充分利用 AI 技术的优势。因此，教育机构应加大对员工的培训力度，提升其数据分析与 AI 技术应用能力，以确保 AI 技术在教育管理中的顺畅与高效应用。

（四）虚拟现实和增强现实技术的结合

虚拟现实（VR）与增强现实（AR）技术的创新结合，正展现出颠覆性的变革潜力，为学子们开辟了一种前所未有的学习路径。传统会计教育模式侧重于理论知识的灌输，学生在教室里系统学习会计基础理论、财务报表解析等内容，然而，与实际业务环境的深度交融及实践操作的缺失成为其显著短板。而 AI、VR 及 AR 技术的引入，预示着这一教育模式或将迎来根本性转变。具体而言，VR 技术通过构建一种沉浸式的教育场景，使学生能够仿佛置身于真实的会计业务之中。学生可以佩戴 VR 设备，步入一个虚拟的企业情境中，与虚拟角色进行互动，亲身体验账务处理的各个环节。这种沉浸式的参与方式，促使学生从被动接受知识转变为积极投入实践，进而深化对会计实务的理解与认知。在虚拟环境中，学生能够面对并处理诸如客户财务咨询、报表数据不一致、预算分析与预测制定等复杂情境，这些在传统课堂环境中难以实现的实践机会，无疑极大地丰富了学生的学习经历。

AR 技术通过将虚拟信息与现实世界无缝对接，为学生在真实教学环境中增添了更为丰富的学习维度。以会计实训室为例，学生借助 AR 设备能够即时获取财务数据与分析工具，系统智能推送相关会计准则与实践技巧，显著提升了学习的互动性与趣味性。在进行财务分析时，AR 技术能够即时提供数据解析，帮助学生直观把握各项财务指标的内涵及其内在联系，从而有效增强他们的决策制定能力。此外，AI技术在大数据处理与分析领域的广泛应用，为教育者提供了实现个性化教学的有力工具。通过对学生学习数据与进度的深入分析，AI能够精准识别学生在特定知识领域的薄弱环节，并据此进行针对性的教学策略调整。

此外，AI技术与VR（虚拟现实）/AR（增强现实）的融合，正引领着跨学科教育的新潮流。会计学科不再局限于数字的运算，而是广泛涵盖了管理、经济、法律等多个领域的知识。借助VR环境，学生在进行会计实践的同时，能够直观理解相关法律条款的适用场景及经济理论的实际影响。这种跨学科的融合学习方式，极大地提升了学生的综合素养，为他们未来在复杂多变的商业环境中游刃有余打下了坚实基础。

（五）教育公平性的提升

教育资源分配深受地域差异、经济状况及社会背景的制约，导致部分学生难以享有与城市或经济发达地区学生相当的高质量教育机遇。此不均衡现象不仅深化了教育公平性的挑战，亦对不同背景学生的成长路径及未来职业规划构成了影响。然而，人工智能技术的崛起为解决这一难题开辟了新途径，尤其是在促进偏远地区教育公平方面展现出巨大潜力。

首先，AI技术的运用极大地促进了教育资源获取的便利性与效率。在线教育平台的广泛推广，使得无论身处何地的学生，仅需借助互联网即可触及丰富多样的优质课程与教学资源。举例而言，偏远乡村的学子通过网络连接，即可观看顶尖学府教授的精彩讲授、参与线上研讨会，乃至与业界精英直接交流。这一线上教学模式超越了传统教育的时空局限，使得各类背景的学生均能触及顶尖教育资源，进而优化了学习体验，提升了知识汲取的效率。

其次，AI 技术的智能推荐机制能够依据学生的学习偏好与能力水平，为其精准匹配个性化的学习计划与资源。即便是在资源相对贫瘠的地区，学生也能享受到量身定制的学习体验。AI 系统通过分析学生的学习进度、知识掌握状况及个人兴趣，精准推荐适宜其发展的课程内容与练习题，从而有效提升了学习成效。这种个性化的学习模式极大地激发了不同背景学生的学习动力与自主性，确保了每位学生能在最适合自己的步调下充分学习。

再次，AI 技术还能借助大数据分析，精准识别并预测学生的学习难点与需求。教育工作者可依据这些数据洞察，灵活调整教学策略，提供更加精准的支持与辅导。此举不仅有助于提升教学质量，更进一步推动了教育公平的实现。AI 的这些应用赋予了教师更强的能力，使他们能够全面关注每位学生的成长，无论其背景如何，均能获得必要的关注与协助。缓解教育资源匮乏所致的学习不平等现象是教育领域的重要议题。在会计教育的范畴内，人工智能（AI）技术的融合展现出其在促进教育公平方面的显著潜力。AI 技术的融入，不仅拓宽了学生的学习场景至课堂之外，还使他们能够借助在线平台和仿真软件开展实践操作。对于偏远地区的学生而言，在线平台成为他们参与多样化会计实务案例研究与讨论的桥梁，使他们能够与各地同学协作解决实际问题，这一过程不仅丰富了其学习经历，还深化了实践技能与知识的获取。

最后，AI 技术在促进教育政策公平性方面也发挥着关键作用。教育决策者能借助 AI 工具分析教育资源分配现状、学生学习成效等关键数据，进而设计更为精确合理的资源配置策略。通过对数据的深度挖掘，决策者可精准识别资源匮乏区域，并采取针对性措施予以改善，旨在确保每位学生均能享有相对均衡的教育机遇。这种数据驱动的政策制定模式，对于提升教育公平、保障每个孩子平等接受高质量教育的权利具有深远意义。尽管 AI 技术在推动教育公平方面展现出诸多积极效应，其实施过程中的挑战亦不容忽视。尽管在线教育平台为学生开辟了更多学习途径，但在网络基础设施薄弱的偏远地区，其效用仍受限。因此，加强偏远地区的互联网接入能力，确保每位学生都能无障碍地利用在线教育资源，是达成教育公平的重要基石。同时，教师掌握数字技术的能力同样关键，他们需掌握必要的技术应用技能，以有效整合 AI 技术于教学中，充分发挥其效能。

综上所述，AI 技术在大数据与会计教育领域的运用，为增进教育公平性开辟了新路径。通过构建在线教育平台、实施个性化学习资源推荐以及高效运用数据分析，AI 技术正引领会计教育向更加公平、高效的方向发展。人工智能技术的不断进步正逐步消解地域与社会经济壁垒对教育资源可获取性的制约，有力促进了教育公平目标的实现。展望未来教育领域的演进趋势，我们寄予厚望于人工智能技术能够持续释放其潜能，为更大范围的学生群体带来均等的学习契机，确保每位学生均能在浩瀚的知识领域自由探索，圆满达成个人的教育愿景。

二、教育改革面临的技术应用伦理问题

（一）数据隐私

在当前数据泛滥的时代背景下，人工智能技术正逐步重塑教育领域，特别是在大数据与会计教育的融合进程中，其展现出了巨大的应用潜能。然而，这一技术的广泛渗透也引发了一系列伦理层面的考量，尤其是数据隐私的保护问题，显得尤为迫切。教育机构利用对学习者数据的搜集与分析手段，旨在实现教学的个性化定制与精准实施，进而提升教育质量与学习者的满意度。但这些数据往往蕴含着丰富的敏感个人信息，诸如学习模式、测试成绩，乃至学生的心理状况等。尽管这些信息为个性化教学策略的制定提供了强有力的支撑，但与此同时，数据隐私的保护问题也越发凸显，成为教育技术应用领域内一个不容忽视的伦理挑战。

　　首要的是，对于学生信息的采集与存储方式，必须给予充分的关注。在人工智能赋能的教育场景中，学生的每一次学习互动、作业提交及交流行为都可能被系统捕捉并记录。这些数据的价值不仅体现在对教育成效的评估与优化上，更在于它们可能揭示出学生的个体特征与心理状态。鉴于此，教育机构必须确保数据的收集行为遵循合法性与透明性原则，并获取学生及其监护人的明确知情同意。同时，数据收集的范围也应被严格界定，仅限于与教学目标直接相关的数据，以避免对学生私人生活的过度干预。

　　此外，数据存储的安全性也构成了保护学生隐私的另一道重要防线。在采集与存储学生信息的过程中，教育机构必须采取有效的安全策略，以抵御数据泄露与非法访问的风险。鉴于近年来网络安全事件频发，若教育机构的数据存储系统未能构建起坚固的安全屏障，则将面临严峻的安全威胁。一旦学生的个人信息落入不法之徒之手，可能会引发身份盗用、金融欺诈等一系列严重后果，给受害者及其家庭带来经济上的损失与心理上的创伤。因此，教育机构应加大对信息安全技术的投入，实施包括强密码策略、数据加密技术及网络防火墙在内的多项措施，以确保学生数据的安全存储。此外，教育机构应当构建一套完善的数据使用与共享政策体系，确保学生数据的运用符合法律法规要求。在大数据分析的广泛应用下，教育机构可能会携手第三方机构，依托学生数据开展研究活动或商业应用。然而，在此合作过程中，必须确保学生数据使用的透明度，通过明确的隐私政策，向学生及其家长充分披露信息，并获取其知情同意。同时，构建有效的监管机制，对数据使用的合规性实施监督，严防利益驱使下的数据滥用行为。唯有在透明度和合规性得到保障的前提下，数据方能真正服务于教育事业，而非沦为侵犯个人隐私的手段。

在高职院校中，处理数据隐私问题的复杂性不仅体现在技术层面，更在于如何在教育创新与伦理底线之间找到恰当的平衡点。教育机构在采纳人工智能技术和大数据分析时，必须深入考量学生的个人隐私及心理感受，避免因技术便利而忽视对学生隐私权的尊重。教育不仅是知识的传承，更是对每位受教育者权利的尊重与捍卫。在个性化教育的倡导下，学生应成为教育的核心，而尊重其个人隐私则是教育公平与正义的重要体现。为提升数据隐私保护意识，教育机构还需组织相关的培训与宣传活动，增强师生对数据隐私保护的认识与重视程度。学生需了解自身的隐私权益，并掌握在学习环境中保护个人信息安全的方法。教师及管理人员同样需接收数据隐私伦理方面的培训，以确保在教学与管理工作中遵循隐私保护原则。唯有全体师生共同参与，方能形成良好的数据隐私保护氛围，有效降低信息泄露与滥用的风险。

（二）算法偏见

人工智能系统的决策机制核心在于其所依据的训练数据集，若该数据集内含偏见，则算法的输出结果可能会显现出非公正性的特征。此类非公正性不仅侵蚀了教育领域的公平性基石，而且对学生的个人发展轨迹将产生长远的负面效应，特别是在学生评估、入学选拔及推荐等至关重要的环节，算法偏见可能导致部分学生遭遇不公平的对待。首要的是，算法偏见的本原往往可追溯至其训练数据的构成。在大数据驱动的情境下，AI 系统通过海量历史数据的训练来习得模式并进行预测。然而，若这些数据在性别、种族、社会经济地位等方面存在偏见，AI 系统便可能在习得过程中吸纳这些偏见，并反映在其后续决策中，进而使得某些背景的学生在智能评估体系中处于劣势。举例来说，若系统在评估学生学业成绩时采用的数据集中，某一特定群体的代表性不足，系统可能会低估该群体学生的实际能力，从而在成绩评定中给予他们不公正的待遇，这种不平等直接关乎学生的学习机遇与未来成长，可能导致他们被优质教育资源及职业机会边缘化。

此外，算法偏见还可能渗透至招生与推荐流程之中。在高等职业教育的入学选拔过程中，众多院校已开始运用 AI 技术对申请者实施智能评估与筛选，此类决策高度依赖于历史数据分析。然而，若这些数据未能全面代表所有申请者，尤其是来自边缘化背景的学生，算法可能会倾向于某些特定群体，进而造成不公平的对待。这种带有偏见的评估机制不仅可能剥夺学生进入优质教育平台的权利，还可能在无形中固化某些群体的劣势地位，进一步加剧社会的不平等格局。因此，高职院校在招生环节必须秉持高度的审慎态度，确保所采用的 AI 系统能够公正无偏地对待每一位申请者。

为有效应对算法偏见问题，高职院校需建立健全机制，定期对 AI 算法进行审查与更新，以保障其公正性与透明度。这一举措远非单纯的技术校验，此议题实质上是对教育公平性原则的一次深刻自我反思与坚定承诺。高等教育机构可构建一支构成多元化的审核队伍，综合吸纳师生群体的观点与反馈，实施周期性的算法评估机制，以期精准识别并规避任何潜在的偏见因素。在审核流程中，机构应积极采纳外部专业权威的意见，确保算法评估流程既公正又客观。与此同时，教育机构应着重于数据质量的严格把控，致力于提升数据的多样性与代表性，从而有效削弱历史数据中可能存在的偏见影响，为 AI 系统提供更为公正无偏的训练素材。在此基础上，教育机构还需强化技术的透明度建设，确保师生能够深入理解 AI 系统的运行机制及其决策依据。鉴于算法的复杂性往往导致公众难以理解其决策逻辑，这种透明度缺失可能进一步加剧对技术的疑虑与不信任。因此，高校在招生及评估环节中，应主动向师生阐释数据运用与算法决策的内在逻辑，使其明晰系统评价学生的具体方式。此举不仅能显著增强师生对系统的信任度，还能激发学校持续优化算法、促进教育评估公平化的内在动力。

此外，教育机构在算法设计的初步阶段即应高度重视伦理考量，确保在算法研发的起始阶段便能将公平性问题纳入视野。例如，高校在引入新的 AI 技术之前，应成立专门的道德审查机构，对即将实施的算法进行全面的伦理审查，以提前识别并规避潜在的不公正风险。在算法的设计过程中，开发团队需深刻洞察并充分尊重不同社会群体的需求，确保算法逻辑能够公平地对待所有群体，而非单纯依赖于历史数据的惯性。唯有在设计阶段就牢固树立公平性理念，方能从根本上削弱算法偏见可能带来的消极影响。

教育机构应充分利用先进的大数据分析手段，积极主动地识别并纠正算法中的偏见问题。这可以通过对算法运行状态的实时跟踪与后续深度分析来实现。高校应定期对算法的输出结果进行细致审查，以检验不同群体在评估流程中的表现是否存在显著的不均衡现象。一旦发现偏见迹象，学校应立即采取行动，对算法进行必要的调整与优化。例如，通过重新制定评估标准等手段，确保算法能够更加公正地评价每一位学生的表现。为了构建更加公正的评估体系，可以通过引入多样化的样本数据等手段，有效缓解由偏见引发的负面效应。此举旨在确保评估过程的全面性和客观性。

（三）学生自主性和创造性的下降

与技术革新并行而至的，是其对学生自主性及创造性潜能可能构成的潜在威胁，这一议题亟须引起广泛关注并予以妥善应对。AI 技术的渗透，虽然在一定程度上加速了学习进程，却也可能诱发学生对技术辅助的过度依赖，进而削弱其独立思考与探索未知的动力，长远来看，这对培育创新型人才的目标构成了深刻影响。

首先，AI 技术在教育领域内的广泛应用，促使众多学习资源趋向于自动化配置，例如，在线学习平台运用 AI 算法，为学习者精准推送个性化的学习材料及建议。尽管此类便捷的学习途径能在短期内助力学生快速积累知识，但它也可能导致学生习惯于技术的直接辅助，而减少了对知识深度探索与独立思考的意愿。面对复杂问题的挑战时，学生往往更倾向于采纳 AI 提供的直接答案，而非通过自我分析与创新来寻求解决方案。这一趋势不仅考验着学生的批判性思维能力，还可能削弱他们在未来学业及职业生涯中独立应对问题的能力，进而限制其创新潜能的发挥。

其次，AI 技术的融入还可能深刻改变学生的学习态度与模式。自动化学习资源的普及，虽极大地提升了知识获取的便利性，却也可能使学习过程趋于机械化，削弱了探索与实践的内在乐趣。教育的本质，不仅在于知识的单纯传授，更在于激发学生的探究热情与创造力。若学生过度依赖 AI 技术，可能会在学习旅程中丧失主动性，面对难题时倾向于直接采纳既有解答，而非通过深度思考与主动探索来寻求突破。这一现象在职业教育院校中尤为显著，因为这些机构致力于培养学生的专业技能与实践能力，若学生在学习路径上缺乏自主思考与实战锻炼的机会，其全面发展与创新能力的塑造将受到严重制约。该议题深刻关联着学生职业生涯的长远规划与创新能力建设的成效。针对当前学生自主性及创造力下滑的现象，高等职业院校在教育实践中亟须强化 AI 技术与经典教学范式的深度融合。尽管 AI 能够供给多元化的学习资源与辅助工具，教师的核心作用依然无可替代，他们不仅是知识体系的传授者，更是激发学生思维活力与探索精神的领航者。通过巧妙融合 AI 技术与传统教学手段，教育者能够构思出具有启发性的学习任务，激励学生在享受技术便利的同时，坚守独立思考的阵地。以会计专业教学为例，教师可指引学生利用 AI 工具执行数据分析任务，同时，强调学生需贡献个人见解与反思，以此锤炼其批判性思维。在此过程中，教师亦可设置开放性议题，促使学生在问题解决实践中发挥创意与自主思考潜能。

教育机构应着重培养学生的创新意识，树立正确的学习导向。在引入 AI 技术的同时，需加强对学生认知的引导，使之明了技术仅为辅助思考的工具，而非取代其思维过程的替代品。学校可通过举办专题论坛、研讨会等活动，激励学生审视 AI 技术带来的机遇与挑战，增进他们对新技术的认知与适应能力。教师亦可分享成功案例，激励学生勇于在学习与工作中探索新方法、提出新构想，以此培育其创新意识。在家庭教育范畴内，父母同样需扮演积极促进者的角色。他们应当激励子女在课余时间探索多元化的兴趣领域与爱好，借此培育其自主思考与决策的能力。通过在家中设立一个开放的问题讨论环境，孩子得以阐述个人观点与见解，此举能够有效激发其创造性思维潜能。此外，父母还需密切留意子女对于人工智能技术的运用模式，并指导他们如何恰当地利用这些技术资源，旨在增强其自我驱动学习的能力，而非形成对技术的过度依赖。

三、高职院校的转型发展建议

（一）建立与企业的紧密合作关系

通过构建校企合作桥梁，高职院校能更有效地顺应瞬息万变的市场需求，为学生提供多元化、深层次的学习与实践平台，从而全面增强学生的职业素养及就业市场的竞争力。首要之举在于与行业内领军企业携手合作，此举可助力高职院校迅速捕捉行业新兴技术、发展动向及市场需求变迁的脉搏。在科技日新月异的当下，企业对人才所需技能与知识的需求持续迭代。校企合作的深入，为高职院校开辟了直接获取行业前沿信息的渠道，使之能灵活调整课程设置与教学方针，确保教育输出的前瞻性和实用性并重。这一信息交互机制，不仅促使教学内容紧贴行业动态，还让学生在求知过程中洞悉市场最新风貌，提升其职业洞察力。

实践层面，高职院校可与企业联合研发课程，将企业的真实项目案例融入教学体系之中。借助项目驱动的教学模式，学生在模拟的职业环境中亲历实战，有效提升其实操能力。例如，双方可合作设计一系列紧密贴合实际工作的项目任务，让学生在参与过程中磨砺团队协作、问题解决及沟通表达等多方面能力。此举不仅丰富了课堂理论教学的维度，更强化了学生将理论知识转化为实践技能的能力，为其职业生涯铺设坚实基石。

此外，企业界的专业人士在课程开发中的参与价值不容小觑。他们凭借丰富的实践经验，能为课程内容的规划提供极具价值的见解。这些来自一线的建议，不仅赋予课程内容更强的前瞻性，也确保了教学与行业需求的高度契合。企业专家基于市场走向和技术革新的分析，能够精准指出未来几年内企业亟须的技能和知识领域，为课程内容的优化提供方向性指导。为了促使高校教师将新兴技能与知识融入课程体系之中，需推动一种积极的互动模式，该模式旨在有效缩减高职院校所培育人才与企业实际需求间的差距。在与企业构建紧密联系的同时，高职院校亦需加大对实习与就业渠道的拓展力度。借助与企业的深度合作，学校能为学生提供更为丰富的实习机会，使其在校期间便能积累宝贵的实践经验。此类实习不仅有助于学生对课堂理论知识的深入理解，更能促进其职业素养与责任感的培育。例如，学校可携手企业共同研发实习项目，确保学生在实习期间获得充分的指导与支持。同时，企业也可依据学生表现，为杰出实习生提供就业机会，这一模式既缓解了高职院校的就业压力，也助力企业培育出符合自身需求的人才。

在当代教育背景下，高职院校的转型与升级不仅需聚焦于课程与教学的革新，更要着眼于与实际行业的深度融合。通过与企业建立稳固的合作关系，学校能为学生提供更为丰富的学习资源与实习平台，进而提升其实践能力与就业竞争力。同时，充分利用行业资源与专业知识,有助于高职院校持续优化课程设置,使其更加贴合市场需求与行业发展趋势。最终,这一模式的深入推进将不仅提升学生的职业素养,更为高职院校的可持续发展奠定坚实基础,培养出更多符合社会需求的高素质技术技能型人才。在此进程中,政府及教育监管机构的鼎力支持在促进教育进步中扮演着核心角色。具体而言,政府可借助政策调控手段,激励企业界与高等职业技术学院建立协作关系,并赋予高校更大的自主权限及财政资助,以推进相关教育课程与项目的创新研发。借助这种多元化的合作模式,高等职业技术学院在加速教育范式转变与升级的过程中,能够展现出更高的适应性与执行效率,精准对接市场需求,最终促成企业与教育机构互利共赢的战略格局。

(二)依据行业需求调整课程

在大数据与会计专业金课建设领域,如何依据行业需求进行课程调整显得尤为重要。在"AI+冰山理论"的指引下,高职院校应积极响应市场变化,开设与大数据及会计相关的新型课程,以满足行业人才的需求,并为学生未来的职业发展奠定坚实基础。

首先,课程设计应紧密围绕行业需求进行创新与调整。随着科技的飞速发展,尤其是区块链、人工智能和大数据分析等新技术在各行各业的广泛应用,传统会计课程内容面临着被淘汰的风险。因此,高职院校需勇于打破常规,积极引入与新兴技术相关的课程,如区块链技术在会计领域的应用、数据分析工具的使用,以及财务决策中人工智能的应用等新兴领域。这些新型课程不仅能让学生掌握现代会计所需的技能,更能提升他们在未来职场中的竞争力。通过与企业和行业专家的深度合作,学校能够及时掌握这些新技术的最新动态,并将其融入课程设计之中。

其次,课程内容应实现动态变化,而非一成不变。随着市场需求和技术发展的不断变化，教育内容同样需要不断更新和优化。高职院校可以定期对课程进行评估，具体包括调查行业需求、分析就业市场趋势，以及收集学生和毕业生的反馈等。通过对这些数据的深入分析，学校能够及时发现课程与行业需求之间的差距，并进行相应调整。若某一课程内容与企业需求日益疏远，教师需迅速组织课程讨论，探讨改进方案，以确保课程内容仍具有前瞻性和实用性。

除了课程评估与调整外，高职院校还可采用项目式学习的方法来丰富课程内容。该教学模式注重实践与应用，通过真实项目的实施，让学生在解决实际问题中提升自身能力。例如，学校可以与企业合作，引入真实的商业案例，让学生在实践中深化对理论知识的理解，并提升解决实际问题的能力。让学生在课堂上参与数据分析、财务建模等实践活动，是提升其综合素养的有效途径。在此类项目中，学生不仅能够深入理解课堂所学的理论知识，还能切实锻炼实际操作能力和团队协作能力，这对他们未来的职业发展具有举足轻重的意义。

课程设计的调整需着重关注跨学科知识的融合。当前，现代职场对人才的需求日益多元化，单一的专业知识已难以满足企业的多样化需求。因此，高职院校应积极探索与其他学科的交叉融合课程，例如，将计算机科学、信息技术与管理学等领域的知识相结合，以培养具备综合能力的复合型人才。这样的课程设计不仅拓宽了学生的知识面，还使他们在面对复杂问题时，能够灵活运用多学科知识进行深入分析并寻求解决方案。

教师的专业发展在课程调整中同样占据核心地位。在引入新型课程和教学方法的过程中，高职院校应为教师提供持续的专业培训和发展支持，确保他们能够及时掌握新技术和新知识。此举不仅能够提升教师的专业素养，还能直接促进教学质量的提升。例如，学校可以邀请行业专家进行专题讲座或开展专业培训，同时鼓励教师积极参与行业研讨会和学术交流活动，以增强其实践经验和学科前沿意识。通过此类培训,教师将能更好地将新兴技术融入教学之中,从而更有效地指导学生的学习。

在课程调整的过程中,高职院校还应注重与学生的沟通互动。通过定期举办座谈会、发放问卷调查等方式,广泛收集学生对课程的反馈与建议,并鼓励学生积极参与到课程设计和调整的过程中来。这种做法不仅能够增强学生的参与感和责任感,还能帮助教师更准确地了解学生的真实需求,进而根据学生的兴趣和职业规划对课程进行优化调整。通过建立良好的师生互动关系,学校能够在教学过程中实现共赢,既满足学生的学习需求,又提升课程的教学质量。

最后,高职院校在依据行业需求进行课程调整的同时,还需密切关注行业内的动态变化。为了确保课程的前瞻性和实用性,高职院校应紧跟行业发展步伐,及时调整课程内容,以适应不断变化的市场需求。学校可构建与行业协会、企业及研究机构的合作框架,并积极投身于行业研究与技术交流活动之中。

(三) 教学方法的创新

在"AI+冰山理论"的融合框架下,高等职业院校面临着课程内容革新与教学方法创新的双重挑战,旨在顺应时代进步的步伐。在此背景下,课堂教学模式的革新占据了核心地位。具体而言,一方面,教育者可采纳诸如翻转课堂、案例教学等前沿教学策略,旨在增强学生的课堂参与度与主观能动性,进而全面提升其综合素养;另一方面,依托人工智能技术,构建在线学习平台,推行个性化学习路径,确保每位学生都能获取到与其学术基础相匹配的学习资源,实现差异化发展。这一融合了传统精髓与现代科技的教学创新策略,不仅能够有效增进学生的学习效率,更能大幅度增强其解决实际问题的能力。

翻转课堂作为一种极具潜力的教学模式,其核心在于倡导学生在课外进行自主学习，并将课堂转变为讨论、互动与实践的舞台。在此模式下，学生可利用视频教程、阅读材料等资源在家中预习课程内容，而课堂时间则专注于深化讨论与动手实践。该模式的独特优势体现在能够激发学生的自我驱动学习能力，鼓励他们主动探索新知，进而锻炼其思维深度与创新能力。以大数据与会计专业教学为例，教师可预先发布学习材料与视频，要求学生课前预习。随后，在课堂上，教师引导学生分组讨论，围绕真实案例展开分析，处理数据，解决问题。此类互动不仅深化了学生对专业知识的理解，还促进了其团队协作与沟通技巧的养成，全面提升了个体综合素质。

除翻转课堂外，案例教学同样是一种高效的教学创新手段。该方法以真实商业情境为蓝本，引导学生在具体案例中分析问题、构思解决方案，实现了理论知识与实践应用的深度融合。在会计与大数据领域，教师可选取具有代表性的企业案例，深入剖析其财务报表、数据分析流程及遭遇的挑战。通过案例讨论，学生不仅能够直观理解相关理论的实际应用，还能在问题解决的过程中锻炼批判性思维与问题解决能力，进一步缩短了理论与实践之间的距离。学生在接受教育的过程中，不仅能够掌握运用各类工具和技术进行财务分析的实践技能，还能深刻体会到未来职场所必需的职业操守与思维方式。此教学模式的核心在于以学生为中心，通过解决真实世界的问题，不仅锻炼了学生的分析与判断能力，还显著提升了他们的职场竞争力。

在课程设计中融入创新的教学方法，不仅能够增强学生的参与感与主动性，此举措亦能深化学生综合素质的全面发展。具体而言，将翻转课堂模式与案例教学相融合，不仅能够确保学生扎实掌握理论框架，而且促使他们在具体实践情境中锻炼问题解决技巧、批判性思维及团队协作能力。这些核心技能正是当前职场环境对人才选拔的关键标准，因此，唯有培育出与市场需求紧密对接的高素质专业人才，方能确保高等职业院校在教育领域的激烈竞争中保持领先地位。在探索教学方法革新的道路上，高职院校还应积极倡导教师开展实践层面的自我审视及同行间的深度交流。教师群体需定期评估自身教学手段的实效性，主动投身于教学研讨与互动环节，共同分享教学实践心得与创新实例。借助这一集体智慧的交融过程，教师能够汲取新颖见解与创意，进而不断迭代与优化个人的教学策略，推动教学质量迈向新台阶。

（四）学生的职业素养培养

在大数据与会计这一专业领域，仅凭扎实的专业知识已难以充分满足企业对精英人才的需求，学生的沟通能力、团队协作能力以及在复杂情境中解决问题的能力同样被赋予了极高的重要性。鉴于此，高等职业院校亟须探索并实施高效的教育模式，借助多元化的教学手段，诸如项目导向教学、团队协作活动及模拟实践等，以期全方位增强学生的职业素养，助力其顺利应对未来职场的多重挑战。

项目导向教学作为一种聚焦于学生主体的教学策略，能够有效地将理论知识与实践应用相融合。通过投身于真实或仿真的项目实践，学生不仅能够将课堂所学付诸实践，还能在项目实施期间亲身体验职场环境，从而深化对专业知识价值及实际应用的理解。以大数据与会计专业为例，教师可设计一项融合财务分析、数据处理及报告编制的综合项目，要求学生分组协作，分阶段完成从市场调研、数据收集、财务分析到报告撰写及决策制定的全过程。此过程不仅锤炼了学生的专业技能，还促使他们在实战操作中强化了沟通与团队协作能力，并培养了应对复杂问题的思维框架。

团队协作作为现代职场文化的核心要素，其重要性不言而喻。为了培育学生的团队协作精神，高职院校可通过模拟职场情境，组织学生进行小组协作。此类协作不仅涵盖项目内的任务分配与执行，还涉及团队内部的沟通机制、共识达成及问题解决策略。具体而言，学校可设置一系列富有挑战性的团队任务，让学生在资源与时间双重限制下，实现高效协同作业。这不仅能够锻炼学生在团队中施展个人专长的能力，还能有效提升其领导力与组织协调能力。在此过程中，学生学会了倾听他人见解、提供建设性反馈，并深刻认识到团队协作对于实现共同目标的关键作用。这一经历对学生日后步入职场具有深远的意义。作为一种有高度成效的教学策略，模拟演练在大数据与会计等跨学科领域展现出尤为突出的适用性，它使学生能够在一个无风险的环境中尝试并纠正错误，从而加深对职场实践操作的认知。具体而言，教育机构可以策划诸如模拟面试、财务审计模拟及公司运营模拟等一系列活动。此类演练活动不仅能加深学生对专业流程的理解，还能显著提升其应对复杂情境的能力。以财务审计模拟为例，学生不仅要具备识别错误与异常的能力，还需学会提出切实可行的解决方案，并有效传达其分析逻辑与决策基础。此类能力的培养，对于学生在真实职场环境中自如应对挑战至关重要。

　　高职院校在职业素养培育中还应着重加强学生的心理素质建设。鉴于未来职场竞争的激烈程度，学生的心理承受力与抗压能力成为决定其成功与否的关键因素。高职院校可通过开设心理辅导课程与职业发展规划课程，帮助学生提升自我认知，明确自身优劣，并培养求助与自我调节的能力。同时，学校可组织团队拓展活动与户外实践，让学生在面对挑战时锻炼意志力，增强团队协作与沟通能力。综上所述，在"AI+冰山理论"的赋能之下，高职院校在大数据与会计专业精品课程的建设中，在教育实践中，全面塑造学生的职业素养是一项至关重要的任务。借助诸如项目化教学、团队协作活动及情景模拟等一系列创新教学方法，我们旨在增强学生的沟通技巧、团队协作能力，以及面对复杂问题的解析与解决能力，进而提升他们在未来职场中的适应力与竞争优势。通过构建与行业紧密对接的教育体系，学校能够为学生提供多元化的实践平台，深化他们对专业知识的实践理解和应用能力。在此过程中，教师作为职业素养培育的关键推动者，需主动拓宽行业联系，不断更新教学内容，并通过构建积极的师生互动关系，有效激发学生的求知欲与参与热情。这一系列举措旨在促进学生综合素养的全面提升，为其在未来职场中的卓越表现奠定坚实基础，并促使他们为社会各领域的发展作出更为显著的贡献。高职院校的此类转型举措，不仅契合教育的根本宗旨，更是为了培养适应市场需求、具备卓越能力的专业人才，以满足国家与社会持续发展的迫切需求。

第十章 结 论

一、研究总结

在当前教育领域改革步伐加速与技术创新日新月异的情境下，高等职业技术学院面临着迫切需求，即探索并采纳符合新时代特征与新教育要求的教学模式。本研究通过深度剖析"AI+冰山理论"的框架，探索了该理论在大数据技术与会计专业精品课程构建中的实践成效，旨在为高职教育的革新路径提供新颖见解与实用策略。冰山理论着重阐述了知识体系中的显性成分与隐性层面，指出学习过程不仅涵盖直观明了的知识元素，更触及深植于学生个人经历与情感维度的隐性知识。将这一理论与人工智能技术相结合，可充分利用AI卓越的数据处理能力，助力教育工作者更透彻地洞察并监控学生的学习动态。AI技术的整合，赋能高职院校在教学实践中高效采集与解析学生的学习数据，这些数据范畴广泛，不仅局限于考试分数，还涵盖了学生在教学平台上的交互行为、学习习惯、作业提交状态等多维度信息。这些详尽的数据反馈，为教师提供了即时且全面的学生学情概览，使其能够敏锐捕捉学生的学习进展与潜在障碍。此机制超越了传统教学管理模式的局限，转而依赖数据驱动的精准干预与个性化指导，推动教学向定制化方向发展。在大数据与会计教育的具体课程中，AI系统能够细致分析学生对各课程模块的掌握程度，精确识别学生普遍感到困难的知识点。据此，教师能够依据AI提供的数据洞察，灵活调整教学计划，加强对难点知识的讲解与练习强度。此举不仅促进了学生学习效率的提升,也为教师提供了优化教学策略的坚实依据,使得反馈机制转变为一个主动且互动的正向循环。在此框架下,教师得以依据学生个性化需求,灵活设计教学活动与课程安排,确保每位学生都能按其适宜的节奏获得成长与进步。

更进一步地,冰山理论的引入为教学改革开辟了一个更为深刻的洞察视角。它启示我们,在知识习得的过程中,在探讨教育领域的知识传授时,我们不应仅仅局限于显性知识的范畴,而应同样重视隐性知识的重要性,这涵盖了学生个体的经验积累、情感状态以及各项技能等深层次、多维度的内在要素。特别是在大数据与会计这一专业领域的教学中,学生的情感认知结构、团队合作的默契程度以及面对复杂问题的应对策略,均对其学业表现产生深远影响。鉴于此,教育工作者需构思并实施能够激发学生内在学习动力的教学策略,以期优化其学习成效。

融入 AI 技术,教师在课程规划阶段可凭借数据分析工具,深入洞察学生的隐性知识层面。例如,通过观察学生在团队项目中的具体行为,教师不仅能评估其专业技能的掌握程度,还能细致分析学生在团队合作中的互动模式与表现质量。这一做法促使教师超越单纯的知识传授层面,转而深入学生的学习历程之中,关注其沟通能力、问题解决策略及对团队的整体贡献等隐性知识维度。此转变有助于教师在课程设计上更加侧重于学生综合素养的培养,实现理论知识与实践技能的深度融合,进而增强学生的职场竞争力。依托 AI 技术强大的数据处理能力,教育者能够更为精确地设计个性化学习路径。基于详尽的学生学习数据,AI 系统可为每位学生量身定制符合其学习步调与个性化需求的学习计划。这种个性化的学习体验不仅能够有效激发学生的学习热情,还能使他们在学习过程中获得显著的成就感。随着学习进程的推进,AI 系统能根据学生的学习反馈与进度动态调整学习计划,确保每位学生都能沿着最适合自己的路径前进。在提升教学效果的同时,AI 技术与冰山理论的结合也为教师的职业发展开辟了新路径。在教学改革浪潮中，教师不仅需要扎实掌握传统的教学知识，还需不断提升对 AI 技术的理解与应用能力。借助数据分析手段，教师能够全方位地审视自身的教学效果，精准识别改进空间，为职业生涯的长远发展奠定坚实基础。此外，教育机构亦应加大对教师的相关培训与支持力度，助力其在这一新兴领域内的成长与发展。旨在增强个体对人工智能技术的理解与运用能力，从而为教育领域内的创新实践与发展构建一个有利的环境基础。

冰山理论着重强调了深入挖掘知识内涵的重要性，指出传统教育模式倾向于表面化的知识传授，而未能充分关注学生理解力与运用能力的培养。依据此理论框架，学校在构建课程体系时，应将核心聚焦于推动学生对知识的深度领悟与灵活应用，旨在通过此类设计，促使学生构建更为连贯与系统的知识结构，进而增强其解决实际工作问题的能力。冰山理论进一步提示我们，在大数据与会计专业的教育领域，学生虽需掌握丰富的理论知识与实操技能，但这些知识的累积并不等同于有效运用。学生在学习过程中常遭遇知识碎片化及应用瓶颈，因此，课程设计需着重于知识间内在联系的构建，助力学生形成完整的知识架构。为实现这一目标，教师可采用案例分析、项目导向学习等教学方法，让学生在解决真实问题的实践中实现知识的整合与运用。在项目实施期间，学生将置身于复杂多变的情境中，需综合运用多学科知识进行分析与决策，这一过程对于提升其综合应用能力尤为关键。

随着 AI 技术的融入，冰山理论的实践应用获得了显著增强。AI 凭借强大的数据分析能力，能够精准洞察学生在学习过程中的知识掌握状态及应用效能。基于这些详尽的数据反馈，教师可以灵活调整教学策略，确保学生在每个学习阶段都能获得适时的引导与支持。例如，通过对学生作业及考试数据的深度分析，教师能够准确识别知识掌握薄弱的环节，并据此调整后续教学计划，确保学生理解能力与应用能力的持续提升。此外，AI 还能根据学生个性化需求推荐学习资源,助力其高效开展自主学习与知识补充。冰山理论还着重强调了隐性知识培养的重要性,这类知识往往难以言表,涵盖了个体的情感认知、直觉判断及实践经验。为了有效培育学生的隐性知识,课程设计需融入丰富的实验实训环节,通过实践操作与亲身体验,促进学生隐性知识的积累与内化。对于大数据与会计教育领域而言,引入实际工作环境的实践环节至关重要。此类实习经历使学生得以直面真实的财务数据与业务流程,从而在亲身实践中磨砺其分析技能与问题解决策略。通过深化与企业的协作关系,教育机构能够为学生提供更加贴近现实的业务场景,使他们在实际操作中体验知识的应用实例,进而深化对理论与实践融合之道的理解。

推行项目式学习模式,是促进学生隐性知识体系构建的有效途径。在项目驱动的学习框架下,学生需在团队中协同作业,共同应对复杂现实问题。此过程不仅要求学生将所学知识应用于实践,还需他们有效协调团队内部的任务分配,促进高效的沟通与协作。这一系列互动不仅丰富了学生的隐性知识库,同时也显著提升了他们的沟通技巧、领导力及团队协作精神等软性能力,为日后职业生涯的顺利过渡与职场适应奠定坚实基础。

在课程评估层面,冰山理论为教育工作者开辟了新的审视角度。传统评价体系往往局限于对学生显性知识成果的衡量,而对隐性知识的价值则有所忽视。因此,在课程设计时,教育者应构建多元化的评估框架,全面审视学生的知识掌握程度、技能运用情况及综合素质表现。通过项目报告、团队合作绩效、实践成果等多维度评价手段,构建一个既注重显性知识又兼顾隐性知识的评价标准体系,以此激励学生更加重视实践能力的培养。

在实施"AI+冰山理论"教学模式的过程中,学校亦需关注教师队伍的专业成长。作为教育变革的引领者与执行者,教师需具备前瞻的教学理念与相应的技术能力。为有效融合冰山理论于教学实践之中,学校应组织专项培训,助力教师掌握先进的教学方法与 AI 技术应用，提升其课程设计与数据分析能力。通过强化教师的专业素养与实践操作水平，可确保"AI+冰山理论"教学模式得以有效落实，推动教育质量的全面提升。旨在优化学生的学习经历，以提供更卓越的教育环境。

通过 AI 技术在数据分析层面的支持为课程设计提供了科学依据，还借助实时反馈机制，助力教师精准把握学生的学习状态与需求，进而促使教育内容与行业实际需求实现更为紧密的融合。在技术日新月异的当下，行业对高素质应用型人才的需求持续攀升。基于 AI+冰山理论的金课模式，不仅有效满足了这一迫切需求，还为高职院校的转型与发展注入了强劲动力，提供了坚实保障。通过引入 AI 技术，高职院校能够更深入地洞察行业人才需求的变化趋势，从而及时对课程内容进行更新与调整。

AI 技术具备强大的数据分析能力，能够精准识别当前市场上最为紧缺的技能与知识。这种数据驱动的决策方式，使得高职院校能够设计出更加贴合行业需求的课程体系，进而培养出既具备实际操作能力又富有创新思维的高素质人才。例如，通过深入分析电商行业的最新发展趋势，院校可以有针对性地调整大数据与会计专业的课程设置，增加数据分析、财务预测、风险控制等相关内容，确保学生在毕业时能够掌握相关的专业知识与实践经验。此外，AI 技术还通过智能化学习平台，为学生提供个性化的学习体验。在传统教学模式中，教师往往难以兼顾每位学生的学习需求，而 AI 系统则能依据学生的学习进度与风格，为其量身定制学习计划与方案。这不仅使学生在自己擅长的领域得以深度学习，还能在薄弱环节获得针对性的补救与强化。在大数据与会计专业中，学生常需面对大量复杂的财务数据，AI 技术的辅助有助于学生更好地理解数据背后的业务逻辑，提升其数据处理能力。这一过程不仅增强了学生的专业技能，还培养了他们在未来职业生涯中所需的独立思考与问题解决能力。

在大数据与会计专业的教育领域，显性知识主要涵盖会计准则、财务报表分析等理论内容，而隐性知识则体现在学生具体实践中的经验积累、直觉反应及判断力培养上。因此，课程设计需着重将显性知识与隐性知识相融合，以促进学生在实践中有效学习和应用。为实现这一目标，在教学过程中，教师可引入实际案例分析、模拟情境等多样化的教学方法。通过剖析真实企业案例，学生能在掌握理论知识的基础上，进一步学习如何将其灵活应用于商业决策实践中。这一过程不仅有助于学生掌握知识的表层内容，还能通过实际操作积累隐性知识，从而深化对行业的理解，并培养出敏锐的洞察力。这种融合式的教学方式将显著提升学生的综合素质，使他们在未来的职场竞争中更具优势，适应能力更强。

同时，"AI+冰山理论"的金课模式还能有效增强学生的团队合作意识及领导能力。在大数据与会计专业的教学中，项目制学习已成为一种不可或缺的教学形式。在团队项目中，学生需分工协作，发挥各自专长，共同完成既定任务。这一过程中，学生不仅学会了运用所学知识解决实际问题，还显著提高了与他人合作的能力。在 AI 技术的辅助下，团队成员能实时共享数据与信息，加强沟通协作，进而提升团队整体的工作效率。这种实践经验对于学生未来职场中的团队合作与沟通能力培养具有至关重要的作用。

课程评价体系的创新也是"AI+冰山理论"模式的重要组成部分。传统课程评价往往侧重于显性知识的考核，而忽视了隐性知识的价值。因此，高职院校应构建多元化的评价体系，全面考量学生的知识掌握情况、实践能力及综合素质等多个维度。具体而言，可通过学生的项目报告、团队合作表现、实习成果等多种方式进行全面评价，以更准确地反映学生的实际学习成效。构建一个融合显性知识与隐性知识的评价标准具有双重作用：一方面，它能促使学生更加重视实践能力的提升；另一方面，它能激励学生在学习过程中不断进行探索与创新。

实施"AI+冰山理论"模式对教育工作者提出了更高的专业素养

要求。教师不仅需要掌握扎实的专业知识，还需具备一定的技术能力，以熟悉 AI 技术在教育领域的应用。为提升教师的专业素养，院校可以定期组织教师培训活动。这些培训活动旨在帮助教师更新教学理念，学习数据分析技巧，从而更有效地利用 AI 技术为学生提供高质量的教学服务。教师的专业素养直接关系到课程改革的成效。因此，只有教师不断提升自身专业能力，才能更有效地引导学生实现全面发展。

二、研究展望

在探究 AI 融合冰山理论于高职院校大数据与会计专业精品课程构建的研究前景时，后续探索的重点聚焦于研究的深化与拓展两大维度。

深化研究意味着对现有理论与实践基础的深刻挖掘，特别是在教育领域改革浪潮中，针对高职院校会计专业及其大数据应用的融合实践，"AI+冰山理论"框架为我们开辟了新的研究视野与路径。未来的工作重心将落在对这一创新模式进行全面而深入的剖析与探索之上，不仅要求重新审视既有的理论架构，更需深刻揭示实践操作中潜藏的深层次问题。在高职院校会计专业的教育实践中，我们观察到学生实际能力与所学知识间存在显著脱节的现象，这一问题的成因复杂多样，涉及课程设计合理性、学习动机激发、教学方法创新及行业需求对接等多个层面。因此，未来的研究亟须采取多元化视角，力求从多维度入手，探索更为精准有效的解决策略。

基于冰山理论的洞察，我们可进一步挖掘学生在学习历程中表面现象之下隐藏的深层次障碍。尽管不少学生在理论知识的掌握上表现优异，但在实际操作中却显现出明显的力不从心，这背后可能隐藏着学生对知识内化程度、内在学习驱动力及外部环境适应性等多重因素的制约。故而,后续研究的一个重要导向是利用人工智能技术,深入剖析并挖掘学生的学习行为特征及其心理机制。通过大数据分析手段,研究者能够系统性地收集学生的学习习惯、课堂参与度及心理状态数据,进而精准识别学生的学习需求与潜在障碍,为提供个性化学习指导与支持奠定坚实基础。此外,未来的研究还应拓展至不同专业背景及学段的学生群体,开展更为细致的比较分析与综合研究。鉴于不同专业学生所处的行业生态、职业导向及学习经历各异,其学习动机与面临的挑战亦呈现出鲜明的差异性。因此,借助数据分析技术,对不同学生群体进行深入的对比分析,将有助于揭示更广泛的学习规律与需求特征,为教育实践的持续优化提供科学依据。针对各专业学生的学习模式与心理特质展开系统性探究,旨在精确捕捉他们在求知旅程中的特定需求与面临的障碍。此举不仅可为制定个性化的学习蓝图提供实证基础,同时也能为高等职业教育机构的课程规划及教学策略的创新与优化,提供坚实的理论支撑与实践导向。在教学手法的探索领域内,同样存在着值得深入探讨的议题。当前,众多高职院校仍主要沿用传统的讲授模式,然而,这种模式在激发学生内在学习动力与积极性方面略显乏力。

鉴于此,后续的研究工作应着重于探索人工智能技术与新型教学模式的融合路径,以期实现教学成效与学生参与度的双重提升。具体而言,基于人工智能的智能辅导体系能够根据个体的学习进展与成效,灵活调整教学内容并提供定制化的学习资源。这种数据驱动的个性化学习范式,不仅能够助力学生深化理论知识的掌握,还能激励他们在实践环节中开展深度思考,进而增强其综合素养与应用能力。此外,行业需求的动态变化构成了未来研究不可或缺的关注焦点。高等职业教育以培养适应社会发展需求的高素质应用型人才为终极目标,而行业变迁无疑会对教育内容与方式的调整产生深远影响。在"AI+冰山理论"的宏观框架下,研究者可借助行业数据分析,精准评估行业对人才的特定需求,从而为高职院校的课程布局与教学内容的调整提供科学依据。通过详尽调研行业雇主的需求，剖析市场对大数据与会计专业毕业生的技能期望，院校能够迅速响应，适时调整并优化课程体系，确保学生所学紧密贴合行业需求，进而提升其就业市场的竞争力。在此过程中，教师角色的重要性同样不容忽视。教学的成效不仅取决于课程内容的精心编排，还与教师的指导能力与专业素养息息相关。未来的研究可进一步探讨如何利用人工智能技术来增强教师的教学效能与专业成长。具体而言，教师可依托 AI 技术，深入分析学生的学习数据，精准识别出需要额外关注与支持的学生群体。借助数据的即时反馈机制，教师能够更加精准地实施教学干预，从而提升教学的整体效果。在教育实践中，教师需要具备根据具体情况灵活调整教学策略的能力，这对于全面提升教学质量至关重要。此外，将教师的专业成长与培训纳入研究视野同样不可或缺，旨在促进他们掌握最新的教育技术和先进教育理念，进而增强教学手段的灵活度与适应性。鉴于教育技术的不断进步，探索教育评价模式的革新构成了未来研究的关键议题。

值得注意的是，当前众多高等职业院校仍沿用传统的考试作为主要的评估手段，这种一元化的评价体系可能难以充分揭示学生的综合能力。因此，未来的研究应当致力于开发多元化的评价模式，通过整合动态评估、过程性评估及结果性评估等多种手段，确保评价体系的全面性和客观性。进一步地，借助人工智能技术，研究者有能力深入分析不同评价方式对学生学业进步与个人发展产生的具体影响，以期构建出更为科学合理、符合教育规律的评价体系。

研究的广度不仅体现在对已有领域的深入剖析上，更着重于研究领域的拓展及不同学科间的交叉融合。当前，关于大数据与会计专业的教学模式研究，大多聚焦于课堂教学内容和方法的创新，而对于行业实际应用、社会需求变化以及国际教育视野的拓展等方面的研究，仍显不足。因此，未来的研究应以更宽广的视野为指引，借助人工智能技术，深入开展国际先进教育教学模式的比较研究，以期挖掘这些模式中成功经验对高职院校的启示。具体而言，利用 AI 技术的优势，我们可以分析和比较各国在大数据与会计教育领域的先进教学模式，并探索其在课程设置、教学方法、评估体系等方面的亮点。比较研究的目的在于，借鉴国际上成功院校的经验，结合我国高职院校的实际情况，制订更具针对性和实效性的教学方案。例如，某些国家在会计教育中采用了案例驱动的教学方法，学生通过参与真实项目来学习和应用知识，这种方式能够显著增强学生的实践能力和创新思维。通过系统的对比分析，国内高职院校能够发现自身在教育教学上的不足，并在国际视野中发展出更具竞争力的教育模式。

未来的研究可积极倡导跨学科的研究模式，围绕大数据技术、会计学、教育学以及心理学等领域的理论与实践进行融合。这样的跨学科交叉研究，能够为学生提供更为全面的综合素质提升视角和策略。例如，通过教育学的理论分析，可以探讨如何更有效地运用大数据技术来设计课程和评价体系；而从心理学的视角出发则有助于我们理解学生的学习动机和心理状态，从而设计出更为个性化的教学方案。这一系列的交互与融合，将使高职院校的教育更具科学性和有效性，同时，也能使其对市场需求有更敏锐的把握，为后续的人才培养提供坚实的基础。在实际应用层面，跨学科研究对教育者深入理解行业需求及促进课程内容的适时更新具有显著助益。科技进步日新月异，导致行业对人才的需求持续演变。研究者可通过搜集行业数据、实施市场调研等手段，剖析当前大数据与会计领域的就业趋势，并将这些洞察反馈至课程设计与教学活动中。此数据驱动的课程更新机制，能够保障高职院校教育紧贴时代脉搏，与实际需求紧密相连，从而培育出更加契合市场需求的复合型人才。在国际视野的拓展方面，研究者应关注全球范围内大数据与会计教育的政策支持及资金投入动态。各国在教育投入上的差异，将直接对其教育质量和人才培养成效产生影响。因此，对各国政策的比较研究，可为我国高职院校提供宝贵的经验借鉴。例如，部分国家在高等教育领域积极推行产学研合作模式，政府与企业携手推动课程改革，为学生提供丰富的实践机会，助力其构建坚实的职业能力。深入分析这些政策背后的成功要素，可为我国教育政策制定者及高职院校管理者提供未来教育发展的有效决策参考。

在教师专业成长领域，交叉研究同样占据重要地位。教师作为高职院校教育的核心力量，其专业素养直接关乎教学质量及学生的学习成效。未来研究可聚焦于如何通过跨学科培训，提升教师在大数据与会计教学领域的专业能力。具体而言，可设计一套包含教育技术、学科知识、职业素养等多维度的综合培训课程，助力教师在教学实践中更灵活地运用新技术与新方法。同时，借助 AI 技术的实时反馈与分析功能，教师可持续监测自身教学效果，进而不断提升个人的专业能力与教学水平。此外，未来的研究还应着重于学生学习体验的改善。高职院校学生常面临较大的学业压力，因此，如何通过研究与实践优化其学习体验成为亟待解决的问题。在学术研究与教育实践中，使学习者在知识获取和技能提升的过程中体验到更多的成就感与愉悦感，已成为研究者亟待关注的重要方向。为实现这一目标，研究者可借助心理学理论，深入分析学生在学习过程中的情感状态。具体而言，通过细致的心理分析，研究者能够洞察学生的内在需求与情感波动，进而提出针对性的优化策略，旨在提升学生的学习满意度与积极性。此外，研究的广度要求我们加强与外部社会及行业的互动与合作。高职院校应积极与用人单位建立更为紧密的联系，通过双方共同参与人才培养方案的制定、实习实训基地的建设等关键环节，确保所培养的人才能够精准对接行业的实际需求。这种"双向沟通"的协作机制，不仅对于推动高职院校教育的改革与发展具有重要意义，同时也能够为学生提供更为丰富的就业机会和广阔的职业发展空间。

参考文献

［1］刘新勇. 数字化背景下会计人才培养创新探究［J］. 合作经济与科技，2025，（01）：70-72.

［2］秦刚，梁永. 高职大数据与会计专业数智化升级改造研究［J］. 科技风，2024，（34）：25-27.

［3］赵洪. 乡村振兴战略下高职会计专业产教融合发展研究［J］. 商业经济，2024，（12）：194-196.

［4］郑婕，朱婉莹.“1+X”背景下大数据与会计专业课程改革研究［J］. 才智，2024，（34）：81-84.

［5］金苏闽. 大数据背景下基于“数据思维”理念的高职会计专业教改研究［J］. 才智，2024，（35）：49-52.

［6］范丹雪. 数字经济时代高职院校会计专业人才培养研究［J］. 创新创业理论研究与实践，2024，7（22）：13-16.

［7］袁春明. 民办高职院校大数据与会计专业“岗课赛证”融通课程改革探究：以广西演艺职业学院为例［J］. 成才之路，2024，（33）：21-24.

［8］陈明峰，张璐. 高职大数据与会计专业课程教学改革研究［N］. 河北经济日报，2024-11-21（009）.

［9］陈思颖. 大数据背景下高职院校会计专业教学改革分析［J］. 中国农业会计，2024，34（22）：109-111.

［10］许一青，葛柳燕，黄鹂. 职业本科视域下“大数据+”管理会计人才培养体系研究［J］. 商业会计，2024，（22）：142-145.

［11］费伟. 高职扩招背景下会计专业人才培养研究［J］. 山西青年，

2024，（21）：99-101.

[12] 吴娜. 会计行业智能化变革与会计专业课程体系重构 ［J］. 高等职业教育探索，2024，23（06）：43-52.

[13] 杨洁，徐海霞. 大数据背景下会计专业"校税企"协作模块化教学改革：以《税费计算与申报》为例 ［J］. 财会学习，2024，（32）：162-165.

[14] 徐天方，陶晓娟，崔晓. 民办高职院校大数据与会计专业"三教"改革优化策略研究 ［C］//河南省民办教育协会. 河南省民办教育协会 2024 年学术年会论文集（下册）. 德州科技职业学院，2024：2.

[15] 王前，秦毓灿. 探究大数据背景下开展高职大数据与会计教学的实践策略 ［C］//河南省民办教育协会. 河南省民办教育协会 2024 年学术年会论文集（上册）. 广西职业技术学院，澳门城市大学，2024：2.

[16] 涂小丽，赵婧婧. 以职业能力为导向的高职院校会计人才培养模式研究 ［J］. 才智，2024，（33）：178-180.

[17] 梁晨，龚云，潘丽萍，等. 高职院校大数据与会计专业课程思政教学体系构建探索 ［J］. 才智，2024，（33）：28-31.

[18] 蔡芳芳. 大数据与会计专业智能财税课证融合思路探究 ［J］. 中国新通信，2024，26（21）：140-142.

[19] 陶怡然. 职业院校高水平结构化教师教学创新团队建设研究：以大数据与会计专业群团队为例 ［J］. 现代商贸工业，2024，45（22）：67-69.

[20] 王鹭. 大数据背景下民办高职院校产教融合实践教学研究：以J学院大数据与会计专业为例 ［J］. 才智，2024，（31）：161-164.

[21] 王婷婷. 基于现场工程师理念的高职院校大数据与会计数智人才培养路径探索与实践 ［J］. 知识窗（教师版），2024，（10）：65-67.

[22] 朱晓琳. 新文科背景下会计专业本科生科研创新能力培养研究[J]. 科技风, 2024, (30): 42-44.

[23] 刘东山, 查方能. 数智化背景下大数据与会计专业人才培养模式研究[J]. 黄冈职业技术学院学报, 2024, 26 (05): 37-39.

[24] 杨晓凤. 依托教育部虚拟教研室拓展职普融通新领域[N]. 河南经济报, 2024-10-26 (009).

[25] 丁冉, 李文晴. 高职院校大数据与会计专业课程思政建设研究与实践: 以"基础会计"课程为例[J]. 大学, 2024, (30): 123-126.

[26] 王晓丹. 产教融合背景下大数据技术在高职会计课程教学中的应用[J]. 新课程研究, 2024, (30): 81-83.

[27] 苏岑, 李婷. 数智化背景下高校《管理会计》课程教学改革探讨[J]. 商业会计, 2024, (20): 143-145.

[28] 孟聪. 大数据时代会计教育改革策略研究[J]. 中国新通信, 2024, 26 (20): 89-91.

[29] 章台, 蒋琼. "岗课赛证"融合下高职会计专业课程体系建设探究[J]. 山东纺织经济, 2024, 41 (10): 48-51.

[30] 秦艾, 秦海涛. 大数据视角下的会计专业教学创新研究[J]. 老字号品牌营销, 2024, (20): 204-206.

[31] 胡雯莉. 高职会计专业课程体系与实践教学体系创新研究[J]. 柳州职业技术学院学报, 2024, 24 (05): 58-62.

[32] 王璐. "1+X"证书制度下职业院校大数据与会计专业人才培养研究[J]. 中国管理信息化, 2024, 27 (20): 239-241.

[33] 屈单婷. "三全育人"校企协同人才培养模式的探索与实践: 以大数据与会计专业为例[J]. 社会与公益, 2024, (10): 161-164.

[34] 达潭辉. 大数据时代高职院校会计专业"1+X"课证融合实施路径研究[J]. 科教导刊, 2024, (29): 13-15.

[35] 刘珍. 数字化转型背景下高职院校会计专业人才培养研究[J].

中国电子商情，2024，（19）：79-81.

[36] 潘继征. 基于财务共享云平台的高职会计专业产教融合教学探索 [J]. 财会学习，2024，（29）：142-145.

[37] 胡汶廷. 新时代高职院校劳动教育融入会计专业课程路径研究：以基础会计为例 [J]. 中国多媒体与网络教学学报（中旬刊），2024，（10）：113-117.

[38] 李玲. "数智"时代高职院校大数据与会计专业创新型人才培养模式研究与实践 [J]. 中国职业技术教育，2024，（29）：89-95.

[39] 倪萍. 大数据背景下高职会计专业教学改革研究 [J]. 老字号品牌营销，2024，（19）：201-203.

[40] 倪翊. 大数据时代中职会计专业信息化教学改革创新研究 [J]. 老字号品牌营销，2024，（19）：204-206.

[41] 沈娟. 大数据、人工智能背景下高校会计专业教学改革研究 [J]. 老字号品牌营销，2024，（19）：207-209.

[42] 冯格格，易爱军. 基于校企协作育人的会计专业实践基地建设研究 [J]. 商业会计，2024，（19）：136-141.

[43] 周丽美. 产教融合背景下会计专业人才培养研究 [J]. 华东科技，2024，（10）：143-145.

[44] 杜蓓. 武汉城市圈高职大数据与会计专业毕业生供给与需求的适应性研究 [J]. 中国管理信息化，2024，27（19）：237-240.

[45] 白畅. 现代学徒制下会计综合实训课程改革与实践 [J]. 中国管理信息化，2024，27（19）：193-196.

[46] 古丽娟. 大数据技术背景下高职会计人才培养路径研究 [J]. 产业与科技论坛，2024，23（19）：138-140.

[47] 谢珂. 数字化转型背景下高职院校会计教育教学模式创新研究 [J]. 大学，2024，（S1）：95-97.

[48] 吴绍芹. 基于市场需求的会计专业人才培养策略研究 [J]. 市

场周刊, 2024, 37 (28): 179-182.

[49] 孙海涛. 职业本科现状及高职院校大数据与会计专业（职业本科）建设策略 [J]. 山西青年, 2024, (18): 172-174.

[50] 张旋. 高职院校产教融合实践中心的建设思路：以大数据与会计专业为例 [J]. 在线学习, 2024, (09): 74-76.

[51] 杨璐. 新文科跨界融合下会计人才培养探索 [J]. 合作经济与科技, 2024, (22): 102-103.

[52] 戚瑞双, 董丽丽. 学校对高职"大数据与会计"专业的人才需求分析：基于爬虫技术的北京数据分析 [J]. 产业创新研究, 2024, (18): 155-159.

[53] 刘玮璐. 以大数据推动会计专业信息化教学创新研究 [J]. 湖北开放职业学院学报, 2024, 37 (18): 171-173.

[54] 李桐, 吴伯明. 基于 OBE 理念的高职大数据与会计专业人才培养模式研究 [J]. 职业技术, 2024, 23 (10): 57-62.

[55] 王鹭. 大数据背景下民办高职院校产教融合学情分析：以 J 学院大数据与会计专业为例 [J]. 公关世界, 2024, (22): 106-108.

[56] 田志琴. "岗课赛证"融通的纳税实务课程教学改革研究 [J]. 财会学习, 2024, (27): 146-148.

[57] 赵素杰, 刘冬, 黄天浩. "大数据+智能化"背景下高职大数据与会计专业教学改革 [J]. 辽宁师专学报（自然科学版）, 2024, 26 (03): 105-108.

[58] 李俊霞, 周琳. 基于协同育人的课程思政教学模式研究 [N]. 山西科技报, 2024-09-23 (B08).

[59] 王婷婷. 高职院校卓越现场工程师人才培养路径探索：以大数据与会计专业为例 [J]. 现代职业教育, 2024, (28): 61-64.

[60] 张雨薇, 吕晓荣, 郭欢, 等. 廉洁文化建设与学生综合素质考量的相关性探讨：以高职会计专业为例 [J]. 北方经贸, 2024,

（09）：132-134.

[61] 张雨薇，吕晓荣，王欢，等．高职大数据会计专业廉洁文化建设路径的比较研究 [J]．活力，2024，42（17）：187-192.

[62] 费琳琪．大数据与会计专业升级改造的逻辑框架与实践路径 [J]．辽宁农业职业技术学院学报，2024，26（05）：59-63.

[63] 田宇．新文科背景下应用型本科高校智能会计人才培养模式研究 [J]．包头职业技术学院学报，2024，25（03）：83-87+105.

[64] 付夔钰，徐梓萌．数字经济背景下高校会计人才培养问题及对策 [J]．中国管理信息化，2024，27（18）：11-13.

[65] 缪静，黄翀．数字化转型背景下高职大数据与会计专业数智课程建设与探索：以 Python 财务应用课程为例 [J]．中国管理信息化，2024，27（18）：65-67.

[66] 陆璐，顾玉萍，韩冬梅．数字化转型对高职院校会计专业教学模式的影响及对策研究 [J]．科教导刊，2024，（26）：71-73.

[67] 徐丽华．数字智能技术与会计未来发展 [J]．老字号品牌营销，2024，（17）：63-65.

[68] 陈佩敏．低碳背景下大数据与会计专业课程教学改革探析 [J]．老字号品牌营销，2024，（17）：189-191.

[69] 邵明珠．基于"岗课赛证"融通的大数据与会计专业教学改革策略与实践探索 [J]．老字号品牌营销，2024，（17）：204-206.

[70] 谌文敏，张明．高职大数据与会计专业"岗课赛证"融通教学改革路径研究 [J]．老字号品牌营销，2024，（17）：227-229.

[71] 曾义，严娇莉．新文科背景下智能会计专业人才培养课程体系研究 [J]．老字号品牌营销，2024，（17）：233-236.

[72] 刘宝元．数智化时代高职会计专业人才培养探究 [J]．互联网周刊，2024，（17）：41-43.

[73] 林秀红．人工智能在会计专业的应用与实践：高校跨学科教学的视角 [J]．经济师，2024，（09）：78-80+83.

[74] 李嘉佩."市域产教联合体"背景下高职会计专业产教融合人才培养模式开发路径研究[J].经济师,2024,(09):170-171.

[75] 谢梅俊.大数据视域下会计专业信息化教学改革策略[J].现代职业教育,2024,(26):105-108.

[76] 邓美洁,陈维龙.基于财务共享中心的高职会计专业课程教学改革探讨[J].科教文汇,2024,(17):149-153.

[77] 穆婵.以岗位任务为驱动的有效课堂设计与实践:以财务大数据分析课程为例[J].知识文库,2024,40(16):76-79.

[78] 徐恒星.数字经济时代技工院校会计人才培养策略探讨[J].职业,2024,(16):47-50.

[79] 樊诺宇.数字经济背景下高职院校大数据与会计专业人才培养模式探究[J].安徽教育科研,2024,(24):98-100.

[80] 于江,罗福凯.新中国会计专业史的勾画与探微[J].会计之友,2024,(17):148-153.

[81] 吴锡皓,沈悦哲."数智"时代与海南自贸港建设双重背景下的会计专业改革:基于海南大学会计专业改革案例[J].太原城市职业技术学院学报,2024,(08):138-144.

[82] 邹玉,查方能,刘东山.大数据与会计专业教师数智化教学能力调查与提升路径研究[J].黄冈职业技术学院学报,2024,26(04):26-30.

[83] 唐有川,千彦."大数据、人工智能"背景下数字化会计人才培养模式研究[J].科技风,2024,(24):43-45.

[84] 康楚意,卢新伟."1+X"证书融入大数据与审计专业人才培养方案的改革研究:以"1+X"数字化管理会计证书为例[J].内江科技,2024,45(08):9-11.

[85] 张海艳.产教融合背景下大数据与会计专业实践教学研究[J].天津职业院校联合学报,2024,26(08):33-37.

[86] 张靖宜.大数据背景下高校财务会计专业实践教学改革[J].

老字号品牌营销，2024，（16）：228-230.

[87] 肖远. 产教融合视阈下大数据与会计专业职业精神和技能融合培养研究［J］. 数字通信世界，2024，（08）：211-213.

[88] 张博. "互联网+" 时代下中国高校会计教育的困境与改革探析［J］. 现代商贸工业，2024，45（17）：158-160.

[89] 龚云，梁晨，潘丽萍，等. 高职院校大数据与会计专业课程思政建设研究［J］. 现代商贸工业，2024，45（18）：175-177.

[90] 刘巧英. 高职院校大数据与会计专业数智赋能人才培养改革的思考：践行党的二十大精神［J］. 科技资讯，2024，22（16）：5-7.

[91] 丁丽娜，张海峰，苗学凤，等. 职业本科大数据与会计专业人才培养 "达本" 路径与实践［J］. 承德石油高等专科学校学报，2024，26（04）：5-10.

[92] 傅钰，孙妍哲. 高职大数据与会计专业课程思政建设探讨［J］. 产业与科技论坛，2024，23（16）：166-169.

[93] 刘云花. 数字化时代高校大数据与会计专业教学改革研究［J］. 淮南职业技术学院学报，2024，24（04）：67-69.

[94] 李晓璐. 大数据背景下高职会计专业课程教学改革研究［J］. 淮南职业技术学院学报，2024，24（04）：70-72.